똑똑하게 잘 먹는 식생활 가이드

건강하게 먹는
푸드

부산교육대학교 실과교육과 교수 **이경애** 지음
서울교육대학교 생활과학교육과 교수 **김정원**

교육의 길잡이·학생의 동반자
(주)교학사

책을 펴내며

100세 시대를 맞이하여 최근에는 건강하게 사는 것에 대한 관심이 그 어느 때보다 높아졌습니다. 건강하게 살기 위해서는 여러 가지 조건이 있지만, 그중 특히 식생활 관련 질병과 식품 안전사고가 증가하면서 식생활이 건강한 삶에 중요한 요소라는 것을 깨닫게 되었습니다.

식생활은 질병을 예방하고 건강을 유지하는 기본 조건입니다. 어떤 식품을 선택하여 어떻게 섭취하느냐에 따라 우리의 신체적인 건강뿐 아니라 정신적, 사회적 건강이 달라집니다. 건강을 위한 식생활의 기본은 다양한 식품을 적정량 섭취하는 것입니다. 식품마다 들어 있는 영양소가 다르고 각 영양소들이 체내에서 하는 기능도 다르기 때문에 다양한 종류의 식품을 섭취하여야 합니다. 사람이 하루에 필요한 영양소는 50여 가지나 됩니다. 이 영양소들이 체내에서 어떤 기능을 하며, 섭취량이 부족하거나 너무 많이 섭취하면 건강상 어떤 문제가 생기는지, 어떻게 먹어야 할지, 하루에 얼마나 먹어야 하는지 등 영양소에 대해 좀 더 자세히 알게 되면 식생활의 중요성을 더욱 인식하고 건강한 식생활을 실천하게 될 것입니다.

최근에는 생활 양식이 변화하고 식품 산업이 발달함에 따라 가공식품이 증가하고 있어 건강을 위해 식품을 선택할 때 자연식품뿐 아니라 가공식품을 바르게 선택할 수 있는 능력이 필요하게 되었습니다. 가공식품에는 기호를 향상시키고, 보존성을 높이며, 품질을 좋게 하기 위한 식품첨가물이 들어 있습니다. 따라서 가공식품을 똑똑하게 선택하기 위해서는 식품첨가물에 대한 바른 이해가 필요합니다.

건강을 위해서는 영양을 고려한 균형 잡힌 식생활뿐 아니라 식생활 전 과정에 걸쳐 식중독을 예방할 수 있도록 안전한 식생활을 실천할 수 있어야 합니다. 따라서 식품을 선택하는 장보기 단계부터 냉장고 보관, 손 씻기, 해동, 조리, 음식 보관까지 일상생활에서 매일 실천해야 하는 식생활 안전 수칙을 알고 지키는 것이 중요합니다.

　이 책은 균형 잡힌 식생활에 기초가 되는 영양소에 대해 자세히 알아보고, 식품첨가물에 대해 제대로 알아 현명하게 가공식품을 선택할 수 있도록 하며, 식품을 선택하고 조리, 보관하는 과정에서 안전한 식생활을 실천하는 데 필요한 지식과 정보를 안내하고자 하였습니다. 이 책이 건강한 식생활을 영위하는 데 도움이 되기를 기대합니다.

　끝으로 이 책이 나오기까지 애써 주신 (주)교학사 양진오 사장님과 황정순 부장님, 그리고 편집부 여러분께 감사드립니다.

저자 일동

차 례

1장
내 몸에 필요한 영양소

1장 내 몸에 필요한 영양소

우리는 매일 세끼의 식사와 간식으로 다양한 식품을 섭취하고 있다. 사람이 일생동안 어떤 식품을 먹는가 하는 것은 자신의 성장과 건강, 삶의 질과 밀접하게 관련되어 있다. 최근에는 당뇨병, 고혈압, 심혈관계 질환 등 식생활과 관련된 질병의 발병률이 높아지면서 건강한 식생활에 대한 관심이 높아지고 있다. 식품을 구성하는 성분 중 우리의 생명을 유지하고, 성장하며, 건강을 지키는 데 필요한 성분을 영양소(nutrient)라고 한다. 지금까지 밝혀진 영양소는 총 50여 종이 있으며, 크게 탄수화물, 지질, 단백질, 비타민, 무기질, 물의 여섯 가지로 나누며 이를 6대 영양소라고 한다.

영양소마다 체내 기능이 다르며, 그중 탄수화물과 지질, 단백질은 우리가 활동하는 데 필요한 에너지를 공급하고, 단백질과 지질, 무기질, 물은 근육이나 골격 등 신체를 구성하며, 비타민과 무기질, 물은 체내 여러 생리 기능들이 원활히 일어나도록 도와준다. 대부분의 영양소는 체내에서 합성되지 않으므로 식품을 통해 섭취해야 한다. 비타민 D 등 일부 영양소는 체내에서 합성되지만 필요량을 충족하지 못하므로 식품을 통해 섭취해야 한다. 식품마다 들어 있는 영양소가 다르므로 여섯 가지 영양소를 모두 섭취하려면 다양한 종류의 식품을 먹어야 한다.

3대 영양소

여섯 가지 영양소 중 탄수화물, 지질, 단백질을 3대 영양소라고 한다. 탄수화물은 우리 몸에 에너지가 필요할 때 가장 먼저 사용되는 영양소이다. 탄수화물은 구성하는 당의 수에 따라 당이 하나인 단당류, 당이 두 개인 이당류, 당이 10개 이상으로 보통 수천 개인 다당류로 나뉜다. 우리가 먹는 대부분의 탄수화물은 다당류에 속하는 전분이고, 식이 섬유도 다당류의 한 종류이다.

지질은 물에 녹지 않고 유기 용매에 녹는 영양소이다. 지질은 크게 중성 지방, 인지질, 지방산, 콜레스테롤 등으로 구분된다. 자연계에 존재하는 지질 중 약 95%는 중성 지방이며, 우리는 이를 흔히 '지방'이라고 한다. 지질은 영양소

중 가장 많은 에너지를 내며, 우리 몸에서 사용하고 남은 에너지는 지방으로 저장된다. 지방산은 지방을 구성하며 포화 지방산과 불포화 지방산의 두 종류가 있다.

　단백질은 약 20개의 아미노산이 수십~수백 개 결합되어 만들어진 영양소이다. 아미노산에는 우리 몸에서 만들지 못하므로 식품으로 반드시 섭취해야 하는 필수 아미노산과 몸에서 만들 수 있는 불필수 아미노산이 있다. 단백질은 에너지를 낼 뿐 아니라 우리 몸을 구성하는 등 다양한 일을 한다.

탄수화물

인류의 주식에 가장 많은 영양소

탄수화물은 인류가 주식으로 하는 쌀, 밀, 옥수수 등의 식품에 가장 많이 들어 있는 영양소이다. 탄수화물은 기본 단위인 단당류로 분해되어 흡수되고, 흡수된 단당류는 간에서 포도당(glucose)으로 전환되어 이용되며, 혈액의 포도당을 혈당이라고 한다. 우리가 섭취한 탄수화물 중 일부는 간과 근육에 글리코젠(glycogen) 형태로 약간 저장되며, 사용하고 남은 탄수화물은 지방으로 전환되어 지방 조직에 저장된다. 따라서 탄수화물을 많이 섭취하면 체지방이 커져 비만이 될 가능성이 있다.

에너지가 필요할 때 가장 먼저 에너지를 만든다

탄수화물은 인체에 에너지를 공급하는 가장 기본적인 에너지 영양소로서 우리 몸에 에너지가 필요할 때 가장 먼저 에너지를 만든다. 탄수화물은 1g당 4 kcal의 에너지를 내며, 체내 모든 세포는 탄수화물을 에너지로 사용할 수 있다. 지질과 단백질도 에너지를 낼 수 있지만 뇌를 비롯한 중추 신경계와 적혈구는 포도당만을 에너지원으로 사용한다. 그러나 탄수화물을 충분히 섭취하지 않으면 단백질은 에너지를 내며, 체단백질을 분해하고 포도당을 새로 합성하여 뇌가 사용할 수 있게 한다.

케톤증을 예방한다

 적당량의 탄수화물을 섭취하지 않으면 지방이 완전히 산화되지 못하고 대신 케톤을 만들어 혈액과 조직에 축적하는데, 이를 케톤증(ketosis)이라고 한다. 뇌와 심장, 신장 등 일부 조직은 케톤을 에너지원으로 사용할 수 있어 체내 단백질 손실을 막는다. 그러나 케톤증이 1~2주 계속되면 뇌가 손상되고 혈액이 산성화되어 여러 건강 문제가 발생한다.

섭취량이 부족하면 어떤 증상이 생길까?

 탄수화물은 간과 근육에 일부 저장되어 있으나 체내 저장량이 많지 않으므로 매끼 탄수화물을 섭취하는 것이 좋다. 결식으로 공복 기간이 길어져 혈당이 저하되면 간에 저장된 탄수화물이 포도당 형태로 분해되어 혈액을 통해 뇌에 공급된다. 그러나 이후에도 탄수화물이 공급되지 않으면 간에 저장된 탄수화물도 고갈되어 혈당이 저하되며, 뇌에 공급할 에너지원이 거의 없어 현기증이 난다. 따라서 결식 없이 규칙적으로 식사하는 것이 중요하며, 특히 공복 시간이 긴 아침 식사가 중요하다. 계속 탄수화물 섭취가 부족하면 케톤증이 유발되어 건강상 문제가 생긴다.

너무 많이 섭취하면 어떤 증상이 생길까?

 탄수화물을 많이 섭취하면 체내에서 사용하고 남은 탄수화물이 지방으로 바뀌어 몸 안에 저장된다. 따라서 밥, 빵, 과자 등 고탄수화물 식품을 너무 많이 먹으면 체지방이 증가하여 비만해질 수 있다. 과체중과 비만은 당뇨병이나 심혈관계 질환의 원인이 된다.

지식 플러스

탄수화물의 종류

탄수화물은 구성하는 당의 수에 따라 당이 하나인 단당류, 당이 두 개인 이당류, 당이 10개 이상으로 보통 수천 개인 다당류로 나뉜다. 단당류와 이당류를 합하여 당류라고 한다.
- 당류: 단당류(포도당, 과당, 갈락토스), 이당류(맥아당, 설탕, 젖당)가 있으며, 단맛이 난다.
- 다당류: 전분, 글리코젠, 식이 섬유가 있다.

탄수화물은 어떻게 먹어야 할까?

케톤증을 예방하기 위해서는 하루에 최소 50~100 g의 탄수화물을 섭취해야 하며, 이를 세끼에 나누어 먹는 것이 좋다. 밥 한 공기에는 탄수화물이 약 70 g 들어 있다.

도움 요인

- 다당류 형태로 섭취하면 혈당이 서서히 증가하므로 인슐린에 의한 지방 세포로의 흡수가 증가하지 않는다. 따라서 탄수화물은 당류보다는 다당류 형태인 전분류로 섭취하는 것이 좋다.

방해 요인

- 단당류는 소화 과정 없이, 이당류는 한 번의 소화 과정을 거쳐 체내에 바로 흡수되므로 단당류나 이당류 형태의 당류로 탄수화물을 섭취하면 혈당이 급격히 증가하게 된다. 혈당이 증가하면 췌장에서 인슐린이 분비되어 세포가 포도당을 이용하도록 하는데, 혈당이 급격히 증가하면 인슐린은 당이 지방 세포로 흡수되도록 작용하여 지방 합성을 촉진하므로 체지방이 증가한다. 또 당류는 단맛이 나서 많이 섭취할 가능성이 크다.

어떤 식품에 많이 들어 있을까?

탄수화물은 곡류나 감자류에는 주로 전분(녹말) 형태로 들어 있고, 과일, 과일 주스, 설탕, 초콜릿 등에는 주로 당류 형태로 들어 있다.

탄수화물은 섭취 기준이 설정되어 있지 않지만 하루에 섭취하는 에너지 구성 비율로 볼 때 전 연령층에서 하루 섭취 에너지의 55~65 %를 탄수화물로 섭취하도록 권장하고 있다. 성인 여자(30~49세)의 경우 1일 에너지 필요량이 1900 kcal이므로 1045~1235 kcal를 탄수화물로 섭취하는 것이 좋으며, 이는 탄수화물 261~309 g이다. 성인 남자(30~49세)의 경우 1일 에너지 필요량이

2400 kcal이므로 1320~1560 kcal를 탄수화물로 섭취하는 것이 좋으며, 이는 탄수화물 330~390 g이다.

탄수화물을 많이 함유한 식품 예(1회 분량)			
• 쌀(90 g) 71.6 g		• 밥(1공기, 210 g) 69.7 g	
• 옥수수(중 1/2개, 70 g) 25.5 g		• 건면(90 g) 66.6 g	
• 가래떡(150 g) 73.2 g		• 식빵(1조각, 35 g), 17.4 g	
• 고구마(소 1/2개, 70 g) 26.0 g		• 감자(1개, 140 g), 21.1 g	
• 바나나(1/2개, 100 g) 21.9 g		• 설탕(1스푼, 10 g) 10.0 g	

당뇨병

당뇨병은 탄수화물 대사와 관련된 대표적인 질병이다. 혈액의 포도당이 세포에서 이용되기 위해서는 인슐린이 필요하다. 그러나 인슐린이 부족하거나 효율적으로 이용되지 못하면 혈액의 포도당이 이용되지 않고 그대로 남아 고혈당증이 된다. 혈당이 170~180 mg/dL 이상이면 신장이 이를 모두 처리하지 못하여 소변으로 포도당이 배설되는데, 이를 당뇨병이라고 한다. 당뇨병은 제1형과 제2형이 있다. 제1형은 췌장에서 인슐린이 생산되지 않아 인슐린을 공급해야 하는 당뇨병이며, 주로 소아기에 나타난다. 제2형은 인슐린이 분비되지만 효율적으로 이용되지 못하는 당뇨병으로 주로 성인기에 나타난다. 당뇨병에 걸리면 식품으로 섭취한 포도당을 체내에서 제대로 이용하지 못하며, 대신 체지방과 체단백질을 분해하여 에너지원으로 사용하므로 체중이 줄고, 심한 경우 케톤증을 유발할 수 있다. 고혈당증이 지속되면 말단 혈관 질환과 신장 질환 등의 합병증이 생긴다.

혈당 지수(GI, glycemic Index)는 일정량의 특정 식품을 섭취한 후의 혈당 상승 정도를 기준 식품(포도당이나 흰빵) 섭취 후의 혈당 상승 정도와 비교한 값을 말한다. 흰쌀밥, 감자, 설탕, 꿀 등은 혈당 지수가 높으며, 통곡류, 콩류 등은 혈당 지수가 낮다. 혈당 지수가 낮은 식품을 섭취하는 것이 당뇨병과 심혈관계 질환의 예방과 치료에 효과적이다.

젖당 불내증

젖당(유당) 불내증은 젖당 분해 효소가 부족하거나 활성이 저하되어 소장에서 젖당이 분해되지 못하고 그대로 대장으로 이동하는 것으로, 대장으로 이동한 젖당이 세균에 의해 발효되어 산과 가스를 만들고, 이로 인해 복부 팽만, 복통, 장 경련, 설사가 생기는 증상을 말한다. 젖당 불내증을 완화하려면 찬 우유 대신 미지근하게 덥힌 우유를 마시고, 우유 대신 요구르트나 치즈 등의 젖당을 발효시킨 유제품, 또는 젖당 분해 우유(락토 프리 우유)를 마신다. 그리고 우유를 다른 식품과 함께 마신다.

당류

단맛이 나는 탄수화물

당류는 탄수화물의 한 종류인 단당류와 이당류를 합하여 말하는 것으로, 단맛이 나고, 체내에 쉽게 흡수된다. 당류는 크게 자연당과 첨가당으로 나눌 수 있다. 자연당은 과일, 우유, 고구마 등 식품에 자연적으로 들어 있는 당을 뜻하고, 첨가당은 빵이나 과자, 단 음료 등에 맛, 색, 질감을 좋게 하기 위해 식품의 제조 과정이나 조리 시 첨가하는 당을 뜻한다. 음식의 맛을 좋게 하고 당류를 적절히 섭취하는 것은 영양적으로도 필요하지만, 첨가당은 포만감은 주지 않으면서 에너지 밀도가 높기 때문에 과잉 섭취하지 않도록 주의해야 한다.

몸에 쉽게 흡수되어 에너지를 빠르게 공급한다

당류의 가장 중요한 기능은 1g당 4 kcal의 에너지를 내는 것이다. 당류는 체내에 쉽게 흡수되어 빠르게 에너지로 이용될 수 있으므로 에너지가 필요할 때 즉각적으로 에너지를 공급하여 힘이 나게 한다. 특히 포도당은 뇌와 중추 신경계, 적혈구 등의 유일한 에너지원이다. 포도당은 또한 기억력을 증진시키는 작용을 한다. 머리 쓰는 일을 많이 하는 동안 혈당이 감소하면 기억 능력이 손상되는데, 이때 당을 공급하여 혈당을 높이면 기억력이 향상된다.

● 섭취량이 부족하면 어떤 증상이 생길까?

포도당은 신체의 기본적인 에너지원으로, 특히 뇌와 중추 신경계, 적혈구는 포도당을 유일한 에너지원으로 사용한다. 당류 섭취가 부족하면 체내에서는 단백질 분해 산물로 포도당을 합성하여 이용하므로 당류 섭취 부족에 의한 결핍은 거의 나타나지 않는다. 그러나 오랫동안 당류 섭취가 부족하면 지방이 완전히 산화되지 못하고 케톤체를 만들어 케톤증이 유발되고, 체단백질 분해가 일어나 근육이 약해질 수 있다. 그러나 이러한 증상은 당류 섭취 부족보다는 당류를 비롯한 총탄수화물 섭취 부족으로 나타난다.

● 너무 많이 섭취하면 어떤 증상이 생길까?

당류 함량이 많은 식품은 대체로 지방 함량도 많은 경우가 대부분이므로 과잉 섭취하면 비만해진다. 특히 첨가당을 과잉 섭취하면 에너지 밀도가 높아 비만 가능성이 더 높아진다. 당류 섭취가 많아지면 혈당이 급격히 증가하여 당뇨병 위험이 높아지며, 섭취한 당은 체내에서 지방으로 전환되어 혈중 지방 함량을 높여 고지질혈증을 유발하고, 심혈관계 질환 발병 위험을 증가시킨다. 당류를 자주 섭취하면 입안에 당류가 남아 충치(치아 우식증) 가능성을 높인다. 입안의 세균이 남은 당류를 분해하여 산을 만들며, 이 산이 치아의 에나멜층과 기초 구조를 부식시켜 충치가 생긴다. 세균은 또한 당을 사용하여 점성이 있는 치석을 만들며 여기에 세균이 달라붙어 침의 산 중화 작용을 약화시킨다.

당류는 어떻게 먹어야 할까?

건강을 위해 식품 선택, 조리, 식사에서 당류 섭취를 줄이기 위한 노력을 해야 한다.

도움 요인

- 자연식품과 저당 제품을 선택한다. 과일 주스나 과일 통조림 같은 가공식품보다는 자연식품인 과일을 먹는다. 또한 가공식품은 영양 표시를 확인하고 당류 함량이 적은 제품을 선택한다. 예를 들면, 당이 첨가되지 않은 플레인 요구르트를 먹는다.
- 식품을 조리할 때 설탕, 물엿, 시럽, 꿀 등의 당류 사용을 줄이거나 당류 대신 올리고당, 천연 감미료 등의 다른 양념을 이용한다.
- 식사할 때 덜 달게 먹는다. 설탕, 시럽, 꿀 등의 당류를 적게 넣고, 단 음료 대신 물을 마신다. 간식이나 후식으로 단 음식과 단 음료 대신 과일이나 우유를 먹는다.

자연당은 과일 등의 자연식품에 들어 있으며, 첨가당은 식품의 제조 과정이나 조리 시 첨가하는 당이므로 빵이나 과자, 단 음료, 단 음식 등에 많이 들어 있다. 총당류(total sugar)란 자연당과 첨가당을 모두 합한 값이다.

당류를 많이 함유한 식품 예(1회 분량) *총당류

• 딸기(150 g) 9.1 g	• 사과(부사, 중 1/3개, 100 g) 11.1 g
• 포도(100 g) 10.4 g	• 오렌지(중 1개, 100 g) 5.1 g
• 설탕(1스푼, 10 g) 9.3 g	• 꿀(1스푼, 10 g) 7.3 g
• 초콜릿(1/3개, 10 g) 5.1 g	• 사탕(3개, 10 g) 4.2 g
• 탄산음료(콜라, 1/2컵, 100 g) 9.0 g	• 팥빵(1개, 80 g) 13.9 g

총당류 섭취 기준은 총 에너지 섭취량의 10~20 %로 정해져 있다. 이는 총당류는 1일 에너지 섭취량의 20 % 이하로 제한하되, 그중 과일, 채소, 우유 등 식품에 들어 있는 자연당은 총 에너지 섭취량의 10 % 이상으로 섭취하고, 특히 첨가당은 총 에너지 섭취량의 10 % 이내로 섭취하도록 권장하고 있다.

➕ 지식 플러스

에너지 밀도

식품 무게에 대한 에너지 함량을 나타낸 값(kcal/g). 식품 무게에 비해 에너지 함량이 많으면 에너지 밀도가 높은 식품이다. 예 각설탕 2조각(2.5 g) 10 kcal, 스틱 설탕 1개(5 g) 20 kcal, 시럽 1회(10 g) 24 kcal

 더 알아보기

액상 과당

액상 과당(High fructose corn syrup, HFCS)은 옥수수 전분을 분해하여 만든 옥수수 시럽 (corn syrup)의 포도당을 효소를 이용하여 과당(fructose)으로 변환시켜 과당의 비율을 높인 액체 시럽이다. 액상 과당은 100 % 과당은 아니며, 포도당, 과당, 올리고당의 혼합물이다. 액상 과당은 점성이 높고, 설탕보다 과당의 비율이 높아 단맛이 강하며, 과당의 비율이 높을수록 더 달다. 액상 과당은 설탕에 비해 값이 싸고 단맛은 강해 과자류나 음료 등 가공식품에 널리 이용된다. 과당은 체내 흡수가 빨라 혈당을 급격히 상승시키며, 식욕 억제 호르몬인 렙틴의 분비를 차단하여 포만감을 덜 느끼게 하므로 많이 먹게 된다. 따라서 액상 과당을 많이 함유한 음료나 단 과자류 등을 많이 먹으면 비만, 당뇨병 등의 만성 질환에 걸릴 확률이 높아진다.

나는 당을 얼마나 먹고 있는지 다음 표를 이용하여 알아보자.

당 중독 자가 진단

문항	예	아니요
1. 물 대신 주스나 탄산음료 등의 음료를 더 많이 마신다.		
2. 주변에서 초콜릿, 아이스크림 등 단 음식을 먹고 있으면 금세 먹고 싶어진다.		
3. 식사를 한 다음에도 단맛이 나는 음식이나 간식을 찾는다.		
4. 주변에 항상 단 간식이 놓여 있다.		
5. 가끔 지나칠 정도로 단 음식이 먹고 싶다.		
6. 이유 없이 기운이 없고 짜증나는 날이 있다.		
7. 하루 중 몸이 축 늘어지고 무기력해지는 때가 있다.		
8. 스트레스를 받으면 단 음식을 먹어야 풀린다.		
9. 하루라도 단 음식을 먹지 않으면 집중이 안 된다.		
10. 전과 비슷하게 먹고 있는데도 더 많은 양의 단 음식이 먹고 싶다.		

※평가: '예'에 해당하는 개수가
• 2개 이하: 당 중독에 해당하지 않는다.
• 3~5개: 당 중독이 의심되는 단계이다.
• 6~8개: 당 중독일 가능성이 높으므로 식습관 개선이 필요하다.
• 9~10개: 심각한 당 중독이므로 식습관 개선 및 당 섭취 제한이 필요하다.

〈자료: 한국건강관리협회 https://www.kahp.or.kr〉

식이 섬유

체내에서 소화되지 않는 다당류

식이 섬유는 우리 몸에 소화 효소가 없어 소장에서 소화, 흡수되지 못하고 몸 밖으로 배설되는 난소화성 다당류이며, 식물 세포의 세포벽 또는 식물 종자의 껍질 부위에 많다. 식이 섬유는 물에 녹지 않는 불용성 식이 섬유와 물에 녹는 수용성 식이 섬유로 나눌 수 있는데, 체내에서 하는 일이 각기 다르다. 대부분의 식품에는 불용성 식이 섬유와 수용성 식이 섬유가 같이 들어 있다.

변비와 대장암을 예방한다

채소와 곡류 껍질에 많은 불용성 식이 섬유는 소장에서 소화, 흡수되지 못하고 그대로 대장으로 이동하여 물을 잡아당겨 변의 무게를 증가시켜서 대장 근육을 자극함으로써 배변을 쉽게 하여 변비를 예방한다. 불용성 식이 섬유는 변비를 예방함으로써 대장암도 예방하는 효과가 있다.

포도당 흡수를 지연시키고 콜레스테롤 배출을 돕는다

과일, 콩류, 해조류에 많은 수용성 식이 섬유는 소장에서 포도당 흡수를 지연시켜 혈당이 급격히 증가하는 것을 막아 당뇨병을 예방하고, 당뇨병 환자들의 혈당 관리에 도움을 준다. 또 담즙산과 콜레스테롤을 흡착하여 배설시키고,

담즙산과 콜레스테롤의 재순환을 방해하여 혈중 콜레스테롤 농도를 낮춤으로써 고지질혈증이나 심혈관계 질환을 예방하며, 독성 물질 등을 흡착하여 배출하는 역할도 한다. 수용성 식이 섬유는 위에 머무는 시간이 길어 포만감을 주므로 식욕을 조절하는 데 도움을 주어 비만을 예방하는 효과도 있다.

◖ 섭취량이 부족하면 어떤 증상이 생길까?

식이 섬유가 부족하면 변의 양이 줄고, 변이 대장에 오래 머물러 수분이 줄어 변비에 걸리게 되며, 배변량이 감소하여 장 기능이 저하될 수 있다. 변비가 되면 변 속의 발암 물질과 대장의 유해균들이 몸 밖으로 배설되지 못하여 대장암에 걸릴 수도 있다. 변이 딱딱하면 배변 시 대장에 압력이 가해져 결장벽 주변에 작은 돌출 주머니가 생기는데, 이 돌출 주머니(게실)에 염증이 생겨 게실염이 될 수 있다. 또 배변 동안 힘을 많이 주게 되어 항문에 치질이 생길 수도 있다.

◗ 너무 많이 섭취하면 어떤 증상이 생길까?

식이 섬유를 너무 많이 섭취하면 철, 칼슘, 아연과 같은 무기질 흡수율이 낮아질 수 있다. 또 식이 섬유를 많이 섭취하고 물을 충분히 마시지 않으면 오히려 변이 딱딱해져서 배변이 어렵게 된다. 특히 성장기 어린이나 노인들은 식이 섬유를 너무 많이 먹지 않도록 주의해야 한다. 과민성 대장 증후군을 가지고 있는 사람들이 식이 섬유를 과다하게 섭취하면 위장관 통증이 일어날 수 있다.

 지식 플러스

식이 섬유의 종류
- 불용성 식이 섬유: 셀룰로오스(섬유소), 헤미셀룰로오스, 리그닌 등
- 수용성 식이 섬유: 펙틴, 검, 해초 다당류(카라기난, 알긴산 등), 일부 헤미셀룰로오스

해조류의 식이 섬유, 알긴산
미역, 다시마, 톳과 같은 해조류에는 수용성 식이 섬유인 알긴산이 많이 들어 있다. 알긴산은 혈중 콜레스테롤 수치를 낮출 뿐 아니라 체내 중금속을 배출하는 데 효과적이다. 알긴산은 끈적끈적한 점액 성분이 특징으로 이 성분이 기관지의 건조함을 막고 노폐물의 배출을 도와 호흡기 질환에도 도움을 준다.

식이 섬유는 어떻게 먹어야 할까?

식이 섬유는 식품의 껍질 부분에 많이 있으므로 식이 섬유를 충분히 먹기 위해서는 식품을 껍질째 먹는 것이 좋다.

도움 요인

- 곡류에는 껍질에 식이 섬유가 많으므로 도정이 덜 된 통곡류로 섭취하는 것이 좋다. 고구마 또한 껍질에도 식이 섬유가 많으므로 껍질째 먹는 것이 좋다.
- 과일의 과육에는 수용성 식이 섬유가 많고, 껍질에는 불용성 식이 섬유가 많으므로 과일은 껍질째 먹는 것이 좋다.
- 채소에는 식이 섬유가 많으므로 평소에 채소를 많이 먹어야 한다.
- 콩류의 경우 두부보다 콩비지에 식이 섬유가 많으므로 콩비지를 먹는 것은 식이 섬유를 충분히 섭취하는 방법이 될 수 있다.
- 식이 섬유를 섭취할 때는 물을 충분히 마시는 것도 중요하다. 식이 섬유는 수분을 흡착하는 특성이 있으므로 식이 섬유만 많이 먹고 물을 마시지 않으면 변이 오히려 딱딱해질 수 있다.

방해 요인

- 식이 섬유를 갑작스럽게 많이 먹으면 위와 장에 부담이 되므로 서서히 양을 늘려 가며, 매끼 나누어 고르게 섭취해야 한다.

어떤 식품에 많이 들어 있을까?

불용성 식이 섬유는 곡류 껍질과 채소에 많이 들어 있으며, 수용성 식이 섬유는 콩류, 해조류, 과일에 많이 들어 있다. 대부분의 식품에는 불용성 식이 섬유와 수용성 식이 섬유가 같이 들어 있으므로 식품 표시에서는 두 식이 섬유의 합으로 나타낸다.

식이 섬유를 많이 함유한 식품 예(1회 분량) *총식이 섬유			
*불용성			
• 통밀(90 g) 14.4 g		• 현미(90 g) 5.1 g	
• 옥수수(중 1/2개, 70 g) 3.4 g		• 감자(1개, 140 g) 3.8 g	
• 깻잎(70 g) 4.0 g		• 풋고추(70 g) 3.1 g	
*수용성			
• 메밀(90 g) 5.7 g		• 서리태(20 g) 4.2 g	
• 보리(90 g) 4.1 g		• 매생이(생것, 30 g) 2.0 g	
• 단감(100 g) 6.4 g		• 복숭아(황도, 100 g) 4.3 g	

식이 섬유는 하루에 유아(3~5세)는 15 g, 남자의 경우 아동(6~11세)은 20 g, 12세 이후 연령은 25 g, 여자의 경우 6세 이후 연령층에서 모두 20 g을 섭취하도록 권장하고 있다.

건강 정보

식이 섬유 함유 식품, 천식에 큰 효능

프랑스의 영양역학연구팀이 천식 환자 3만 5천 명을 대상으로 조사한 결과, 과일이나 채소, 곡류 시리얼의 식단을 즐긴 사람들은 천식이 많이 호전되었고, 육류나 소금, 설탕 등이 많이 든 음식을 먹은 사람들은 건강이 상대적으로 좋지 않았다고 응답했다. 연구팀은 건강한 식사 요법이 천식 증상 발병 위험을 남성의 경우 30 % 정도 낮추고, 여성의 경우 20 % 정도 낮추는 효과가 있음을 알아냈다. 연구팀은 또 "과일과 채소 및 식이 섬유가 풍부한 식품이 천식에 좋은 것은 이들 음식이 항산화 및 항염 작용을 하기 때문에 잠재적으로 천식 증상을 낮출 수 있다. 설탕이나 육류, 소금이 많이 든 음식은 염증 유발 요인이 있기 때문이다."라고 설명했다.

지질

지방은 지질의 한 종류

지질은 에너지 영양소 중의 하나로 성인이 섭취하는 에너지의 약 20%를 공급한다. 보통 지질은 지방과 같은 의미로 사용되지만, 지질은 중성 지방, 인지질, 콜레스테롤, 지방산을 모두 포함하므로 엄밀한 의미에서 지방과 다르다. 자연계에 존재하는 지질 중 약 95%는 우리가 흔히 '지방'으로 부르는 중성 지방(triglyceride)이다. 지질은 우리 몸에 에너지를 공급할 뿐 아니라 에너지를 저장하는 영양소로서 체내에서 여러 가지 역할을 하므로 꼭 필요한 영양소이지만, 너무 많이 섭취하면 비만과 만성 질환을 유발하는 등 오히려 건강을 해치게 된다.

우리 몸에 에너지를 공급하고 저장한다

지질의 기능은 대부분 지방의 기능이라고 할 수 있다. 지질의 가장 중요한 기능은 에너지를 내는 것으로, 1g당 9kcal의 에너지를 내어 탄수화물이나 단백질보다 두 배 이상의 에너지를 만든다. 지질은 몸 안에 에너지를 저장하는 저장 영양소로 지방 형태로 지방 조직에 저장한다. 지방 조직은 주로 장기 주변이나 피하에 분포하여 외부의 충격으로부터 장기를 보호하고, 절연체 역할을 하여 체온 손실을 막는다.

필수 지방산을 공급한다

지질의 중요한 기능 중의 하나는 필수 지방산을 공급하는 것이다. 필수 지방산은 인체의 성장과 생리 기능에 필수적이나 체내에서 합성되지 않으므로 식품으로 반드시 섭취해야 하는 지방산이다.

또 지질은 지용성 비타민을 소장으로 운반하고 흡수를 도와주며, 탄수화물이나 단백질에 비해 위에 머무는 시간이 길어 포만감을 준다.

섭취량이 부족하면 어떤 증상이 생길까?

성장기에 있는 유아와 청소년은 지질의 에너지 섭취 비율이 30 % 이하인 경우 신경계 등의 조직 발달이 잘 이루어지지 않고, 면역 기능이 떨어지며, 비타민과 무기질이 적절히 섭취되지 않아 성장 장애를 초래할 수 있다.

너무 많이 섭취하면 어떤 증상이 생길까?

지질은 만성 질환과 가장 관련이 깊은 영양소이다. 지질을 많이 섭취하면 비만, 심혈관계 질환, 암 등의 발병 위험이 증가한다. 지질은 탄수화물이나 단백질에 비해 두 배 이상의 에너지를 공급하기 때문에 많이 섭취하면 비만해질 수 있다. 특히 포화 지방산, 콜레스테롤, 트랜스 지방산이 많은 고지방 식사를 하면 고지질혈증을 유발하며, 혈관에 지방과 콜레스테롤이 쌓여 혈액의 흐름이 원활하지 못하고 혈관의 탄력이 떨어져 동맥 경화증이 발생하며, 심혈관계 질환 유발 가능성이 높아진다.

또 지질을 과다하게 섭취하면 암 발생 위험도 증가한다. 특히 동물성 지방 섭취가 많을수록 대장암, 유방암, 전립샘암, 자궁내막암 등의 발병 위험이 증가하며, 트랜스 지방산은 간암, 위암, 대장암의 위험을 증가시킨다.

지식 플러스

지방의 형태

지방은 글리세롤 한 분자에 지방산 3개가 결합된 형태로 구성하는 지방산의 종류에 따라 상온에서 고체 또는 액체 상태로 존재한다.

지질은 어떻게 먹어야 할까?

건강을 유지하기 위해 식품 선택, 조리, 식사에서 지질 섭취를 줄이기 위한 노력을 해야 한다.

도움 요인

- 육류는 저지방 부위를 선택한다. 고기의 저지방 부위를 보면, 쇠고기는 앞다리, 사태, 우둔, 설도이고, 돼지고기는 안심, 등심, 앞다리, 뒷다리이며, 닭고기는 가슴살, 안심이다.
- 가공식품은 영양 표시를 확인하고 저지방 제품을 선택한다. 지방 함량이 많은 패스트리, 도넛, 케이크, 머핀, 초콜릿 가공품 등은 되도록 피한다.
- 식품을 조리할 때 지방을 적게 사용한다. 육류는 가시 지질을 제거하고 조리하며, 닭고기 등 가금류는 껍질을 제거하고 조리한다. 조리할 때는 튀기거나 볶기보다는 습열 조리(삶기, 찌기)나 굽는 것이 좋다. 마가린, 버터, 마요네즈보다 식물성 기름이나 향신료 등을 사용한다.
- 식사나 간식으로 지방을 적게 먹는다. 마요네즈 등의 샐러드 드레싱, 버터나 마가린, 커피용 크림 등의 사용을 줄이고, 지방이 많은 부위(삼겹살, 갈비, 베이컨 등)의 섭취를 줄인다. 간식이나 후식으로 튀김류, 제과 제빵류보다 채소나 과일을 섭취한다.

어떤 식품에 많이 들어 있을까?

지질은 콩기름, 옥수수 기름 등의 식용유와 버터, 마가린, 마요네즈 등에 많이 들어 있으며, 육류에도 상당량 들어 있다. 특히 돼지고기 삼겹살, 쇠고기 마블링, 닭고기 껍질 부위에 많다. 호두나 아몬드와 같은 견과류에도 지질 함량이 높은 편이다. 이들 식품에는 주로 지방 형태로 들어 있다. 육류의 살코기와 내장, 달걀노른자에는 콜레스테롤이 많이 들어 있다.

지질을 많이 함유한 식품 예(1회 분량)		
• 콩기름(1작은술, 5 g) 5.0 g	• 마가린(1작은술, 5 g) 4.3 g	
• 버터(1작은술, 5 g) 4.1 g	• 마요네즈(1작은술, 5 g) 3.8 g	
• 돼지고기(삼겹살, 60 g) 21.4 g	• 쇠고기(한우 등심, 60 g) 15.8 g	
• 오리고기(60 g) 11.4 g	• 아보카도(100 g) 18.7 g	
• 말린 호두(10 g) 7.2 g	• 볶은 브라질너트(10 g) 6.9 g	

지질도 탄수화물과 마찬가지로 섭취 기준이 설정되지 않았다. 하루에 섭취하는 에너지 구성 비율로 볼 때, 3세 이상 연령에서 지질의 에너지 섭취 비율을 15~30%로 권장하고 있다. 성인 남자(30~49세)는 1일 에너지 필요량이 2400 kcal이므로 360~720 kcal를 지질로 섭취하는 것이 좋으며, 이는 지질 40~80 g이다. 성인 여자(30~49세)는 1일 에너지 필요량이 1900 kcal이므로 285~570 kcal를 지질로 섭취하는 것이 좋으며, 이는 지질 32~63 g이다. 폐경기에는 인슐린 민감성이 감소하고 체지방이 축적되므로 지질의 섭취를 줄여야 한다.

건강 정보

식욕 억제 호르몬 '렙틴'

지방 조직에서 분비되는 호르몬 렙틴(Leptin)은 식욕을 억제하고 에너지 소비를 늘려 체지방량을 일정하게 유지한다. 렙틴은 뇌에 작용하여 식욕을 억제하는 한편, 체내 지방 합성을 줄이고 지방 산화를 촉진하며, 대사와 활동량을 증가시켜 체중을 줄인다. 렙틴은 식사를 시작한 지 약 15분 후에 분비되기 때문에 렙틴의 분비를 늘리려면 20분 이상 천천히 식사를 해야 한다. 또 렙틴의 분비를 자극하려면 하루 30분 이상의 유산소 운동이나 적당한 근력 운동을 해야 하며, 7~8시간 충분한 수면을 취해서 몸 상태와 신체 활동성이 좋아져야 한다. 수면 시간이 부족하거나 숙면을 취하지 못하면 렙틴 분비가 감소한다.

지방산

지방과 인지질의 구성 성분

지방산은 지질의 가장 간단한 형태이며, 지방과 인지질의 구성 성분이다. 지방산은 연결 방식에 따라 포화 지방산과 불포화 지방산으로 나눌 수 있다. 포화 지방산은 탄소들이 단일 결합을 하고 있으며, 버터나 쇠기름 같은 동물성 식품에 주로 들어 있고 상온에서 고체 상태이다. 불포화 지방산은 1개 이상의 이중 결합을 가지고 있으며, 식물성 기름과 생선 기름 등에 많이 들어 있고 상온에서 액체 상태이다. 지방산 중 우리 몸에서 합성되지 않거나 합성되는 양이 부족하여 식품으로 꼭 먹어야 하는 필수 지방산은 이중 결합이 2개 이상 있는 다가 불포화 지방산이며, 리놀렌산, 리놀레산, 아라키돈산이 여기에 속한다.

필수 지방산은 성장, 면역, 두뇌 발달에 필요하다

지방산은 1g당 9kcal의 에너지를 낸다. 필수 지방산은 정상적인 성장을 위해 필요하며, 피부가 각질화되는 것을 막아 주고, 면역 기능을 향상시키며, 상처를 빠르게 회복시킨다. 뇌세포와 망막에 있는 DHA(Docosahexaenoic acid)는 식품으로 섭취한 리놀렌산이나 EPA(Eicosapentaenoic acid)에 의해 만들어지므로 필수 지방산은 두뇌 발달과 시각 기능 유지를 위해서도 필요하다. 필수 지방산으로부터 에이코사노이드가 합성되는데, n-6 지방산(또는 오메가 6

지방산)에서 합성된 n-6 에이코사노이드는 혈액 응고(혈전 형성)와 면역 반응(염증 반응)을 촉진하는 반면, n-3 지방산(또는 오메가 3 지방산)에서 합성된 n-3 에이코사노이드는 혈전 생성과 염증 반응을 억제한다.

포화 지방산과 불포화 지방산

포화 지방산은 혈중 콜레스테롤 농도를 높여 혈관벽에 쌓이게 하여 동맥 경화증을 유발하는 등 우리 몸에 해로운 영향을 끼치는 반면, 불포화 지방산은 혈중 콜레스테롤 농도를 낮추어 심혈관계 질환을 예방한다. 특히 n-3 지방산은 혈중 콜레스테롤을 낮추는 효과가 크며 혈전 형성을 막아 준다.

🔴 섭취량이 부족하면 어떤 증상이 생길까?

지질의 섭취가 부족하거나 소화 흡수 장애로 필수 지방산이 부족하면 유아와 아동은 성장이 제대로 되지 않고, 피부염이 생길 수 있으며, 면역 기능이 떨어져 쉽게 병원균에 감염되고, 상처 회복도 느리게 된다. 특히 아동에게 필수 지방산인 리놀레산이 결핍되면 신경 장애가 유발될 수 있다.

⚪ 너무 많이 섭취하면 어떤 증상이 생길까?

지방을 많이 섭취하면 지방산도 많이 섭취하게 되어 비만해진다. 포화 지방산과 트랜스 지방산을 많이 섭취하면 간에서 지방과 콜레스테롤의 합성을 촉진시켜 혈중 LDL 콜레스테롤의 농도를 상승시키므로 심혈관계 질환 등 만성 질환의 발병 위험이 커진다. 불포화 지방산 중 n-6 지방산을 너무 많이 섭취하면 항응고제를 복용하는 환자에게는 혈액 응고의 위험이 있으므로 주의해야 한다.

➕ 지식 플러스

불포화 지방산의 분류
불포화 지방산은 이중 결합의 시작 위치에 따라 n-3 지방산, n-6 지방산, n-9 지방산으로 분류한다. n-3 지방산에는 탄소 22개의 DHA와 탄소 20개의 EPA, 탄소 18개의 리놀렌산이 있다.

지방산은 어떻게 먹어야 할까?

건강을 유지하기 위해 포화 지방산과 트랜스 지방산의 섭취를 줄이는 것이 좋다.

도움 요인

- 포화 지방산은 육류의 지방, 닭고기 등의 가금류 껍질 부위, 버터 등 동물성 식품에 많으므로 이들 식품의 섭취를 줄이면 총지방량뿐 아니라 포화 지방산과 콜레스테롤의 섭취를 줄일 수 있다.
- 트랜스 지방산 함량이 많은 마가린이나 쇼트닝뿐 아니라 이들 식품으로 만든 패스트푸드, 튀김류, 빵류, 과자류, 가공식품 등의 섭취를 줄여야 한다.
- n-3 지방산의 섭취량을 늘리려면 고등어, 연어 등의 등 푸른 생선을 주 2회 정도 섭취하는 것이 좋다.

어떤 식품에 많이 들어 있을까?

포화 지방산은 육류의 지방, 버터 등 동물성 식품과 코코넛유, 팜유 등에 많이 들어 있으며, 불포화 지방산은 주로 식물성 기름이나 생선 기름, 견과류 등에 많이 들어 있다.

지방산을 많이 함유한 식품 예(1회 분량)

*불포화 지방산

• 들기름(1작은술, 5 g) 4.4 g		• 콩기름(1작은술, 5 g) 4.0 g	
• 오리고기(60 g) 7.1 g		• 참다랑어(60 g) 2.8 g	
• 말린 호두(10 g) 6.3 g		• 볶은 브라질너트(10 g) 5.0 g	

*포화 지방산

• 코코넛유(1작은술, 5 g) 4.2 g		• 팜유(1작은술, 5 g) 2.4 g	
• 버터(1작은술, 5 g) 2.4 g		• 돼지고기(삼겹살, 60 g) 8.6 g	

한국인 영양소 섭취 기준에서 지방산의 에너지 적정 비율을 다음과 같이 설정하였다. 또 다가 불포화 지방산, 단일 불포화 지방산, 포화 지방산의 섭취 비율을 1 : 1~1.5 : 1로 권장한다.

💧 **지방산의 에너지 적정 비율**

(단위: %)

연령(세)	n-6 지방산	n-3 지방산	포화 지방산	트랜스 지방산
1~2	4~10	1 내외		
3~18	4~10	1 내외	〈 8	〈 1
19 이상	4~10	1 내외	〈 7	〈 1

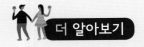 **더 알아보기**

트랜스 지방산 0g의 비밀

자연계에 존재하는 대부분의 불포화 지방산은 이중 결합이 시스형이지만, 식물성 기름의 불포화 지방산에 수소를 넣어 고체로 만드는 과정에서 시스형의 이중 결합이 트랜스형으로 전환된다. 이렇게 생성된 지방산을 트랜스 지방산이라고 하며, 이 과정을 거쳐 만든 마가린과 쇼트닝에는 트랜스 지방산이 들어 있을 수 있다.

트랜스 지방산은 자연식품에도 소량 존재한다. 자연식품에 존재하는 트랜스 지방산이 건강에 미치는 영향은 매우 적어 굳이 제거할 필요는 없다. 일반적인 식사를 하는 경우 부분 경화유가 들어간 가공식품을 먹지 않는다면 트랜스 지방산을 하루 에너지 필요량의 1 % 수준도 섭취하기는 어렵다. 트랜스 지방산의 유해성이 언급되면서 식품 제조 회사들은 부분 경화유를 거의 사용하지 않기 때문이다. 최근 영양 성분 표시를 보면, 트랜스 지방산이 '0'으로 표기되어 있는 가공식품이 많다. 이것은 트랜스 지방산이 진짜 0 %라기보다 부분 경화유를 첨가하지 않았다는 것을 의미하며, 또한 먹어도 문제가 되지 않을 만큼 미량이 들어 있음을 의미한다. 우리나라 '식품 등의 표시 기준'에 의하면 식품 100 g당 트랜스 지방산이 0.2 g 미만으로 들어 있으면 '0'으로 표시할 수 있다.

cholesterol

콜레스테롤
세포막을 구성하는 필수 성분

콜레스테롤은 지방과 같이 글리세롤과 지방산으로 구성되어 있지는 않으나, 물에 잘 녹지 않으므로 지질의 한 종류로 분류한다. 콜레스테롤은 세포막을 구성하는 필수 성분이므로 우리 몸의 거의 모든 세포에 존재하며, 특히 뇌조직 신경 세포의 중요한 구성 성분이다. 콜레스테롤은 성호르몬인 에스트로젠, 프로게스테론 및 테스토스테론, 스트레스를 받으면 분비되는 코르티솔(글리코코티코이드) 등 스테로이드 계통의 호르몬과 비타민 D를 합성하는 데 사용된다. 또 지질의 소화와 흡수에 필수적인 담즙의 구성 성분인 담즙산을 합성하는 데 필요하다.

건강에 이로운 HDL 콜레스테롤, 해로운 LDL 콜레스테롤

지질은 물에 녹지 않으므로 단백질과 결합하여 지단백(lipoprotein)을 형성해야 체내의 필요한 곳으로 운반될 수 있다. 지단백 중 LDL(저밀도 지단백)은 약 45%가 콜레스테롤로, 혈중 콜레스테롤의 약 70%가 LDL 콜레스테롤이다. LDL은 혈관을 순환하다가 콜레스테롤을 필요한 조직에 운반해 주는 역할을 하는데, 운반하고 남은 콜레스테롤이 혈관벽에 축적되어 동맥 경화증의 원인이 되기도 한다. 따라서 LDL 콜레스테롤을 건강에 해로운 '나쁜 콜레스테롤'이라고도 한다. HDL(고밀도 지단백)은 말초 조직의 콜레스테롤을 간으로 운반하여 여분의 콜레스테롤이 쌓이는 것을 방지하는 역할을 한다. 따라서 HDL 콜레스테롤을 건강에 이로운 '좋은 콜레스테롤'이라고도 한다. LDL 콜레스테롤 농도는 높고, HDL 콜레스테롤 농도는 낮으면 동맥 경화증에 걸릴 가능성이 높아진다.

🍴 섭취량이 부족하면 어떤 증상이 생길까?

콜레스테롤은 우리 몸에서 만들어지므로 부족한 경우는 거의 없다. 체내에 있는 콜레스테롤 중 2/3는 몸에서 만들어진 것이며, 나머지는 동물성 식품을 통해 섭취한 것이다. 혈중 콜레스테롤 농도는 우리가 섭취한 것과 체내에서 합성되는 것에 의해 항상 일정량이 유지된다.

⚪ 너무 많이 섭취하면 어떤 증상이 생길까?

콜레스테롤을 너무 많이 섭취하면 혈중 콜레스테롤 농도가 증가할 수 있다. 혈중 콜레스테롤 농도가 증가하면 콜레스테롤이 혈관에 쌓여 동맥이 딱딱해져 동맥 경화증이 유발되고, 결국 고혈압과 심혈관계 질환이 생기게 된다.

콜레스테롤은 어떻게 먹어야 할까?

식품에 들어 있는 지질은 가시 지질과 비가시 지질로 나눌 수 있다. 가시 지질은 삼겹살의 지방이나 식물성 기름처럼 눈에 보이는 지질로, 주로 중성 지방으로 구성된다. 비가시 지질은 살코기, 우유, 달걀 등의 눈에 보이지 않는 지질로, 주로 인지질, 콜레스테롤 등으로 구성되어 있다. 따라서 만성 질환을 예방하기 위해 가시 지질만 제거한다고 살코기 속에 있는 콜레스테롤의 섭취를 낮추기는 어려우므로 콜레스테롤의 섭취를 줄이려면 동물성 식품의 섭취를 줄여야 한다.

• 수용성 식이 섬유는 콜레스테롤이 우리 몸에 흡수되는 것을 방해하므로 콜레스테롤이 많은 음식을 먹을 때 수용성 식이 섬유가 많은 과일, 김, 미역, 콩 등과 같이 먹으면 좋다.

어떤 식품에 많이 들어 있을까?

콜레스테롤은 동물체에서만 합성되고, 식물체는 콜레스테롤을 합성하지 않으므로 식물성 식품에는 콜레스테롤이 전혀 없다. 콜레스테롤은 육류의 내장이나 달걀노른자에 특히 많다.

콜레스테롤을 많이 함유한 식품 예(1회 분량)			
• 달걀노른자(1개, 60 g) 197.3 mg		• 돼지 곱창(삶은 것, 60 g) 144.0 mg	
• 쇠간(삶은 것, 40 g) 158.4 mg		• 돼지 간(삶은 것, 40 g) 142.0 mg	
• 쇠기름(5 g) 5.0 mg		• 돼지기름(5 g) 5.0 mg	
• 버터(5 g) 11.6 mg		• 꽃새우(찐 것, 55 g) 116.1 mg	
• 오징어(80 g) 12.6 mg		• 바지락(80 g) 6.6 mg	

콜레스테롤은 대사 증후군 등 만성 질환의 예방을 위해 1일 300 mg 미만을 섭취하도록 권장하고 있다.

건강의 적신호, 동맥 경화증

혈관 내막에 콜레스테롤이나 중성 지방이 쌓여 혈관이 좁아지고 딱딱하게 굳어지는 것을 '동맥 경화증'이라고 한다. 또 손상된 내막에 콜레스테롤이 침착되고 혈관 내피 세포의 증식이 일어나 '죽종'이 생겨 혈관이 좁아지고 탄력을 잃게 되는 것을 '죽상 경화증'이라고 한다. 최근에는 동맥 경화증과 죽상 경화증을 혼합하여 죽상 동맥 경화증이라고도 한다. 동맥 경화가 생기면 각종 장기의 기능이 떨어지고, 혈압이 증가하며, 혈액 순환이 원활하지 못하다. 동맥 경화는 협심증이나 심근경색 등의 심장 질환과, 뇌경색이나 뇌출혈 등의 뇌 질환을 일으키는 주요 원인이며, 신장 기능을 저하시켜 신부전이나 허혈성 사지 질환을 일으키기도 한다.

동맥 경화는 혈중 콜레스테롤 농도에 크게 영향을 받으며, 특히 혈중 총콜레스테롤과 LDL 콜레스테롤 농도가 높을 때, HDL 콜레스테롤 농도가 낮을 때, 혈중 중성 지방 농도가 높을 때 발생 위험이 증가한다. 또한 고령, 고혈압, 당뇨병, 흡연, 운동 부족 등도 동맥 경화의 위험 인자이다.

혈중 지질 판정 기준치

측정 항목	측정치(mg/dL)	판정
총콜레스테롤	≥ 230	높음
	200~229	경계치
	〈 200	정상
LDL 콜레스테롤	≥ 150	높음
	130~149	경계치
	100~129	정상
	< 100	적정
HDL 콜레스테롤	≥ 60	높음
	< 40	낮음
중성 지방	≥ 200	높음
	150~199	경계치
	< 150	정상

〈자료: 한국지질동맥경화학회 이상지질혈증치료지침제정위원회〉

단백질

생명체 유지에 중요한 영양소

단백질의 영어 이름(protein)은 '으뜸가는', '가장 중요한'을 뜻하는 그리스어 'proteios'에서 유래된 것이다. 이름에서 알 수 있듯이 단백질은 생명체를 유지하는 데 매우 중요한 기능을 하는 물질이다. 단백질은 20여 개의 아미노산으로 구성되어 있다. 아미노산 수십~수백 개가 결합되어 다양한 단백질을 만든다. 아미노산은 체내에서 합성 가능한지에 따라 필수 아미노산과 불필수 아미노산으로 나눌 수 있다. 필수 아미노산은 체내에서 합성되지 않거나 합성되더라도 그 양이 충분하지 않아 반드시 식사를 통해 섭취해야 하는 아미노산이다. 약 20가지 아미노산 중 9가지가 필수 아미노산이다. 불필수 아미노산은 체내에서 합성되는 아미노산이다. 따라서 식사로 필수 아미노산을 충분히 섭취하지 않으면 단백질을 원활하게 합성할 수 없다.

신체 조직을 구성한다

단백질은 근육, 피부, 머리카락, 손발톱, 뼈, 혈액 등 신체 조직을 구성한다. 따라서 성장기 아동과 청소년, 임신부는 새로운 조직을 만드는 시기이므로 성인에 비해 단백질 필요량이 더 크다. 성인도 체내 모든 세포에서 오래된 단백질을 분해하고 새로운 단백질을 합성하므로 지속적인 단백질 섭취가 필요하다.

생리 기능을 조절하고 면역 기능에 관여한다

단백질은 또 체내의 여러 생화학 반응을 촉매하는 효소, 조절 작용을 하는 호르몬의 구성 성분으로 체내 여러 생리 기능을 조절하며, 면역 기능을 담당하는 항체를 만든다. 또 산과 염기 양쪽의 역할을 모두 할 수 있으므로 몸 안의 체액이 중성이나 약알칼리로 일정하게 유지되도록 돕는다. 단백질은 에너지를 내기도 하는데, 특히 탄수화물과 지방의 섭취가 부족하면 1g당 4kcal의 에너지를 내어 사용한다. 굶주림과 같은 극한 상황에서는 근육에 있는 아미노산이 분해되어 포도당을 생성하여 이용한다.

◐ 섭취량이 부족하면 어떤 증상이 생길까?

단백질 섭취량이 필요량보다 부족하면 체내 단백질량이 줄어들고 피부의 탄력이 떨어지며, 면역 기능이 저하되고 빈혈이 생길 수 있다. 단백질의 섭취가 특히 부족한 경우를 단백질 또는 에너지 영양 불량(PEM, protein energy malnutrition)이라고 하며, 콰시오커(Kwashiorkor)와 마라스무스(Marasmus)가 있다. 콰시오커는 극심한 단백질 결핍증으로, 저개발 국가의 유아(1~4세)에게 나타난다. 부종과 머리카락 탈색이 특징적이며, 머리와 배만 크고 팔다리는 야위어 잘 걷지 못하는, 성장이 정지된 현상이다. 마라스무스는 단백질과 에너지가 모두 부족한 극심한 기아 상태로, 부종은 나타나지 않으며, 주로 피하 지방이 감소하여 체중 감소가 심하다.

◑ 너무 많이 섭취하면 어떤 증상이 생길까?

단백질을 장기간 많이 섭취하면 단백질의 분해 산물인 요소를 처리하는 신장에 무리한 부담을 주게 된다. 또 소변으로 칼슘 배설이 증가하여 골다공증이 생길 수 있는데, 이는 폐경기 이후 여성에게 문제가 될 수 있다. 고단백질 식사는 대장의 세균에 의해 생긴 단백질 분해 산물이 장운동을 억제하여 변비를 유발할 수 있으며, 쇠고기나 돼지고기와 같은 육류를 많이 먹으면 대장암 발병 위험이 증가한다. 특히 동물성 단백질 식품을 많이 섭취하면 지방, 특히 포화 지방산과 콜레스테롤을 함께 많이 섭취하게 되어 비만, 심혈관계 질환 발병 위험이 높아진다.

단백질은 어떻게 먹어야 할까?

단백질은 3차원 입체 구조로 되어 있어 가열하거나, 급격히 젓거나, 산·알칼리 용액에 처리하면 풀어지거나 활성을 잃게 된다. 이를 단백질의 변성이라고 하는데, 단백질이 변성되면 소화 효소가 작용하기 쉬워져 소화가 잘된다.

도움 요인

- 고기는 날것으로 먹는 것보다 살짝 가열하여 먹으면 소화가 잘된다. 그러나 너무 오래 가열하면 오히려 소화가 더 안 된다.
- 필수 아미노산 섭취를 위해 육류, 우유, 생선, 달걀 등을 먹는다. 단백질을 구성하는 아미노산의 조성은 식품마다 다르므로 다양한 단백질 식품을 섭취하는 것이 좋다. 서로 다른 식품을 혼합하여 먹으면 단백질의 질을 높일 수 있다.
- 배, 생강, 파인애플, 파파야, 무화과, 키위 등에는 단백질 분해 효소가 들어 있어 이들 식품을 첨가하면 고기가 연해져 소화가 잘된다.
- 석쇠 구이보다는 삶거나 찌는 조리 방법을 사용하면 위해 물질의 생성을 줄일 수 있다.

방해 요인

- 한두 가지의 특정 아미노산이 고농도로 농축된 아미노산 보충제는 체내 다른 아미노산 대사를 방해하여 심각한 문제를 일으키므로 보충제보다는 가능한 식품으로 섭취하는 것이 좋다. 보충제로 섭취할 경우 20여 개의 아미노산이 모두 함유된 단백질 제품을 선택하는 것이 좋다.

어떤 식품에 많이 들어 있을까?

단백질은 육류, 생선, 달걀, 우유 등의 동물성 식품에 많으며, 식물성 식품으로는 콩류에 많다. 곡류는 단위 무게당 단백질 함량은 적지만 우리나라 사람들은 쌀을 많이 섭취하므로 쌀도 식물성 단백질의 좋은 급원이 된다.

단백질을 많이 함유한 식품 예(1회 분량)

• 돼지고기(등심, 60 g) 14.4 g	• 닭고기(살코기, 60 g) 14.4 g
• 쇠고기(한우 등심, 60 g) 9.4 g	• 고등어(60 g) 12.1 g
• 달걀(60 g) 7.5 g	• 서리태(20 g) 7.7 g
• 두유(200 g) 8.8 g	• 볶은 땅콩(10 g) 2.9 g
• 귀리(90 g) 12.9 g	• 백미(90 g) 5.8 g

단백질 하루 권장 섭취량

(단위: g)

연령(세)	3~5	6~8	9~11	12~14	15~18	19~29	30~64	65 이상
남자	20	30	40	55	65	65	60	55
여자	20	25	40	50	50	55	50	45

완전 단백질과 불완전 단백질

식품에 들어 있는 단백질은 함유된 필수 아미노산의 조성과 양에 따라 완전 단백질과 불완전 단백질로 나눌 수 있다. 완전 단백질은 모든 필수 아미노산이 우리 체내에 필요한 만큼 충분히 들어 있으며, 육류, 우유, 생선, 달걀 등 대부분의 동물성 단백질이 여기에 속한다. 불완전 단백질은 한 가지 이상의 필수 아미노산 양이 부족하며, 동물성 단백질 중 콜라겐과 식물성 단백질이 여기에 속한다.

체내 단백질 합성을 위해서는 동물성 단백질이 식물성 단백질보다 유리하지만, 동물성 단백질도 식품마다 아미노산 조성이 다르므로 다양한 식품으로 섭취하는 것이 좋다. 식물성 단백질도 식품마다 부족한 필수 아미노산이 다르므로 콩밥과 같이 서로 다른 식품을 혼합하여 먹으면 단백질의 질을 높일 수 있다. 이를 단백질의 상호 보충 작용이라고 한다.

유전 정보와 단백질 합성

단백질은 세포가 특정 단백질이 필요하다고 느낄 때 그 합성 신호에 의해 만들어진다. 예를 들어, 우리가 술을 마시면 간은 알코올을 분해하는 효소가 필요하므로 그 때 알코올 분해 효소를 만들게 된다.

단백질은 세포핵 안에 있는 DNA의 유전 정보에 따라 세포질에서 합성된다. DNA의 염기 서열이 곧 유전 정보이며, DNA의 염기 서열 3개가 하나의 아미노산 정보이다. 단백질 합성 신호에 의해 mRNA(messenger RNA)는 DNA의 유전 정보를 복제하여 단백질 합성을 위한 유전 정보를 세포핵에서 세포질로 운반한다. 세포질 안에 있는 리보솜은 mRNA 가닥을 따라가면서 유전 정보를 읽고 염기 서열에 따라 아미노산을 불러오도록 tRNA(transfer RNA)에게 유전 정보를 전달한다. tRNA는 mRNA의 유전 정보대로 아미노산풀에서 아미노산을 리보솜에게 가져다주어 단백질을 합성하게 된다.

비타민

비타민은 우리 몸에 매우 적은 양이 필요하지만, 생명 유지에 없어서는 안 될 영양소이다. 비타민의 영어 'vitamin'은 생명 유지에 필수적이라는 의미를 지닌 'vital'과 아민 화합물을 나타내는 'amine'의 합성어로 생명 유지에 필수적인 화합물이라는 뜻이다. 비타민은 발견 순서에 따라 A, B, C의 알파벳순으로 이름을 붙였다. 비타민은 에너지를 내지 못하지만 우리 몸의 다양한 생리 작용을 위해 꼭 필요하며, 몸에서 만들지 못하므로 식품을 통해 섭취해야 한다.

비타민은 기름에 녹는 지용성 비타민과 물에 녹는 수용성 비타민으로 나눌 수 있다. 현재까지 발견된 비타민은 13종인데, 그중 지용성 비타민은 A, D, E,

K의 4종이며, 수용성 비타민은 비타민 B_1, 비타민 B_2, 니아신 등의 비타민 B군 8종과 비타민 C가 있다. 비타민 B군은 처음에 하나의 물질로 여기다가 후에 여러 가지 유사한 물질로 구성되어 있음이 발견되면서 각각에 번호나 이름을 붙이고, 이를 합하여 비타민 B군 또는 비타민 B 복합체로 부르게 되었다. 지용성 비타민은 체내에 저장되므로 너무 많이 섭취하면 건강에 해로울 수 있으나, 대부분의 수용성 비타민은 체내에 거의 저장되지 않으므로 결핍증을 예방하기 위해서는 매일, 혹은 수일 내에 섭취해야 한다.

비타민 A

시각 기능에 필수적인 비타민

비타민 A는 어두운 곳에서 볼 수 있게 하고, 눈과 피부 등 상피 세포를 건강하게 유지하는 데 매우 중요한 영양소이다. 비타민 A는 활성형인 레티노이드와 불활성형인 카로티노이드를 총칭한다. 레티노이드는 동물성 식품에만 들어 있으며, 레티놀, 레티날, 레티노산이 있는데, 그중 레티놀이 가장 중요하다. 카로티노이드는 주로 식물성 식품에 들어 있으며, 다양한 종류가 있는데, 그중 베타카로틴, 알파카로틴 등 일부는 체내에서 활성형인 레티놀로 전환되므로 이들을 프로비타민(provitamin) A 또는 비타민 A 전구체라고 한다. 베타카로틴이 비타민 A 활성이 가장 크다. 체내에 저장된 비타민 A의 90% 이상은 간에 저장된다.

어두운 곳에서 볼 수 있게 하고 피부를 건강하게 한다

비타민 A는 암(暗) 적응 능력에 필요하며, 눈과 피부, 소화기계와 호흡기계 등의 상피 세포가 정상적으로 성장하는 데에도 필요하다. 비타민 A는 상피 세포의 점막에서 점액이 정상적으로 생산, 분비되도록 하여 상피 세포의 형태를 유지하고 각질화를 예방하며 감염으로부터 보호한다. 또 골격 세포 합성에 필요하므로 정상적인 성장과 발달을 위해 필요하다. 비타민 A는 면역 세포가 제대로 기능할 수 있도록 돕고, 병원균이나 항원의 공격에 대항하여 면역 작용을 한다. 중추 신경계와 심혈관계 시스템 조절 작용을 하며 염증 반응을 억제하고, 암세포의 분화를 조절하여 암 발생을 억제하는 효과가 있다.

항산화 작용을 하고 암 예방 효과가 있다

카로티노이드는 비타민 A 전구체로서 비타민 A의 기능 외에 항산화 작용을 한다. 카로티노이드는 발암 유전자가 나타나는 것을 억제하고 발암 물질 대사를 조절하여 암을 예방하는 효과가 있다. 베타카로틴은 암, 특히 폐암 발병을 억제하며, 건강에 해로운 LDL 콜레스테롤의 산화를 방지하여 심혈관계 질환에 걸리지 않게 한다.

◗ 섭취량이 부족하면 어떤 증상이 생길까?

비타민 A 결핍 증상은 주로 눈과 피부에 나타난다. 비타민 A가 결핍되면 야맹증, 안구 건조증, 각막 연화증이 나타나고, 심할 경우 실명될 수도 있다. 또 상피 세포의 점막에서 정상적으로 점액을 생산·분비하지 못하여 피부가 건조하고 각질화되며, 세균에 쉽게 감염된다. 비타민 A 섭취가 부족하면 철 결핍성 빈혈을 초래할 수 있다. 임신부가 야맹증이 있으면 저체중아를 출산할 수 있고, 유아가 비타민 A 섭취가 부족하면 성장 지연, 골격 이상, 빈혈이 생기며, 자주 병에 걸린다.

◗ 너무 많이 섭취하면 어떤 증상이 생길까?

비타민 A의 과잉 섭취 증상은 급성과 만성이 있다. 급성 증상으로 두통, 현기증, 시력 장애, 무력감, 가려움증이 나타날 수 있으며, 만성 증상으로 두통, 탈모증, 피부 건조, 근육과 골관절 통증, 뼈의 기형, 피부 발진, 그리고 간 독성 등이 나타날 수 있다. 임신부가 비타민 A를 과다 섭취하면 사산, 기형아 출산, 출산아의 학습 장애 가능성이 있고, 폐경기 여성은 고관절부의 골절 위험이 커진다.

베타카로틴을 비롯한 대부분의 카로틴은 과잉 섭취로 인한 독성은 없는 것으로 알려져 있다. 그러나 카로틴 함량이 높은 식품을 오랫동안 섭취하거나 보충제를 매일 먹으면 피부색이 노랗게 변한다.

비타민 A는 어떻게 먹어야 할까?

비타민 A는 지용성이므로 기름과 함께 섭취하는 것이 좋다.

도움 요인

- 비타민 A는 기름을 이용하여 조리하면 흡수가 더 잘 된다.
- 베타카로틴이 많이 들어 있는 당근은 생으로 먹기보다는 조리하여 먹으면 효능이 더 커진다.
- 비타민 A 보충제는 식사 중이나 식후 15분 내에 먹는 것이 좋다.

방해 요인

- 지방 함량이 극히 적은 식단은 지용성인 비타민 A 결핍을 초래할 수 있다.

어떤 식품에 많이 들어 있을까?

동물의 간, 생선간유, 달걀, 우유·유제품 등의 동물성 식품에는 활성형의 비타민 A가 많이 들어 있다. 식물성 식품에는 활성형의 비타민 A는 없지만 카로티노이드 형태로 당근, 단호박, 고구마, 단감, 살구 등 등황색 채소와 과일, 그리고 녹색 채소에 많다.

비타민 A를 많이 함유한 식품 예(1회 분량)			
• 동물의 간(60 g) 5673 µgRAE		• 달걀(1개, 60 g) 82 µgRAE	
• 고등어(60 g) 14 µgRAE		• 대구알(30 g) 38 µgRAE	
• 당근(70 g) 322 µgRAE		• 단호박(70 g) 214 µgRAE	
• 시금치(70 g) 411 µgRAE		• 깻잎(70 g) 441 µgRAE	
• 살구(100 g) 190 µgRAE		• 우유(200 g) 110 µgRAE	

비타민 A 하루 권장 섭취량

(단위: μgRAE)

연령(세)	3~5	6~8	9~11	12~14	15~18	19~29	30~49	50~64	65 이상
남자	350	450	600	750	850	800	750	750	700
여자	350	400	550	650	600	650	650	600	550

*μgRAE: μg 레티놀 활성 당량(Retinol Activity Equivalent)의 약자. 비타민 A의 효력을 나타내는 단위

➕ 지식 플러스

암(暗) 적응 능력

망막의 간상세포는 어두운 곳에서 볼 수 있게 하는 시각 세포이다. 갑자기 어두운 곳에 들어가면 잘 보이지 않다가 간상세포에서 단백질인 옵신이 비타민 A와 결합하여 로돕신(시자홍)을 만들면 서서히 보이기 시작한다. 이를 암 적응 능력이라고 한다.

비타민 A의 급·만성 증상

비타민 A 과잉 섭취의 급성 증상은 성인은 권장량의 100배, 아동은 권장량의 20배 이상을 1회 또는 짧은 간격으로 섭취했을 때 나타난다. 만성 증상은 권장량의 10배를 지속적으로 섭취했을 때 나타난다.

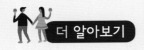
카로티노이드의 종류

카로티노이드는 동식물 조직에 널리 분포하는 빨간색, 주황색, 노란색의 색소 성분으로 당근(carrot)의 주 색소인 것에서 이름이 유래되었다. 카로티노이드는 크게 카로틴(carotene)류와 잔토필(xanthophyll)류로 분류한다. 카로틴류에는 알파카로틴, 베타카로틴, 감마카로틴, 라이코펜 등이 있고, 잔토필류에는 루테인, 제아잔틴, 크립토잔틴, 라이코잔틴 등이 있다.

- 베타카로틴(β-carotene): 노란색과 주황색을 나타내는 색소 성분이다. 비타민 A 전구체로 몸에서 비타민 A로 전환되어 사용될 수 있어 눈 건강에 도움이 되며, 항산화 작용을 하여 암과 심혈관계 질환을 예방하고, 노화를 방지한다. 당근, 단호박, 단감, 귤, 살구, 황도 등에 많이 들어 있다.

- 라이코펜(lycopene): 빨간색을 나타내는 색소 성분으로, 특히 토마토에 많이 들어 있다. 혈관을 튼튼하게 하고 면역력을 높이며, 심장병과 암을 예방하고 노화를 지연시킨다.

- 루테인(lutein): 잔토필류 중 가장 많이 존재하는 색소로, 식물의 엽록체에 많이 들어 있다. 루테인은 노화로 인해 감소될 수 있는 황반 색소의 밀도를 유지시켜 눈 건강에 도움을 준다. 루테인은 녹색 채소에 다량 들어 있다.

- 제아잔틴(zeaxanthin): 망막 안에 있는 두 개의 카로티노이드 중 하나이다. 제아잔틴은 노화로 인한 시력 감퇴와 백내장을 예방하며, 빛 수용체 막의 지방산 과산화를 방지한다. 제아잔틴은 옥수수, 시금치와 케일 등 진한 녹색 채소에 많다.

비타민 D

체내에서 합성되는 비타민

비타민 D는 다른 비타민들과 달리 자외선에 의해 체내에서 합성된다. 비타민 D는 여러 종류가 있으나 그중 비타민 D_2와 비타민 D_3가 중요하다. 비타민 D_2는 버섯 등의 식물성 식품에 들어 있으며, 비타민 D_3는 동물성 식품에 들어 있다. 비타민 D_3는 콜레스테롤에서 유래된 비타민 D 전구체(프로비타민 D_3)로부터 자외선에 의해 피부에서 만들어지며, 체내 필요량의 90 % 이상을 만든다. 따라서 식품으로 비타민 D를 섭취하지 못하더라도 햇볕을 충분히 쬐면 신체에 필요한 비타민 D를 공급받을 수 있다.

칼슘 흡수를 높여 뼈를 만들고 튼튼하게 한다

비타민 D는 혈액 내 칼슘 농도를 일정하게 하고, 뼈를 튼튼하게 유지하는 데 필요한 영양소이다. 비타민 D는 소장에서 칼슘 흡수를 증가시키며, 신장에서 칼슘 배설은 억제하고 재흡수를 증가시켜 혈중 칼슘 농도를 높임으로써 혈액에 있는 칼슘이 골격 형성에 이용되도록 도와준다. 또 비타민 D는 면역 조절 세포와 상피 세포의 분화와 성숙에 관여하여 자가 면역 질환의 발병을 억제하며, 암을 비롯한 당뇨병, 심혈관계 질환 등 만성 질환을 예방한다. 비타민 D는 근육 섬유의 발달과 성장에도 꼭 필요하다.

● 섭취량이 부족하면 어떤 증상이 생길까?

비타민 D가 결핍되면 칼슘 흡수가 효율적으로 일어나지 못해 골격 건강에 문제가 생긴다. 대표적인 증상으로 구루병, 골다공증, 골연화증이 있다. 구루병은 주로 어린이에게서 발병하는데 골격에 칼슘이 충분히 침착되지 못하여 뼈가 약해지고 변형되는 현상으로, 성장이 지연되고 다리가 휘며 골반 형성이 잘 되지 않는다. 골다공증은 성인기에 나타나며 골격에서 칼슘이 빠져나가 골밀도가 낮아지고 골절이 잘 일어난다. 골연화증은 성인기에 나타나는 구루병으로, 골격과 근육에 통증이 생기고, 엉덩이와 척추뼈의 골절 원인이 된다. 또 비타민 D가 결핍되면 근육이 약해지고 통증이 생기며 신체 기능이 떨어진다. 특히 노약자에게 비타민 D가 결핍되면 신체 기능 약화와 골다공증성 골절의 위험이 커진다.

● 너무 많이 섭취하면 어떤 증상이 생길까?

비타민 D는 독성이 강하지만, 체내에서 합성 조절이 잘 되기 때문에 일상적인 식사로는 많이 섭취해서 건강에 문제가 되는 일은 없다. 그러나 비타민 D 보충제 등을 과다 섭취하면 식욕 부진, 체중 감소, 탈모, 설사 증상이 나타난다. 또 혈액과 소변에 칼슘 농도가 증가하고 증가된 칼슘이 혈관벽과 신장에 축적되어 심혈관이 손상되거나 신장 결석이 생길 수 있다.

✚ 지식 플러스

비타민 D

비타민 D가 혈액 내 칼슘 농도를 일정하게 유지하는 기능은 인슐린이 혈당을 일정하게 유지하는 기능과 유사하여 비타민 D를 호르몬으로 분류하기도 한다.

비타민 D는 어떻게 먹어야 할까?

현대인들은 많은 시간을 실내에서 생활하고 외출할 때 자외선 차단제를 바르는 일이 많아 햇볕을 직접 쬐는 양이 적어 체내에서 합성되는 비타민 D 양만으로는 부족하기 쉽다. 따라서 햇볕을 충분히 쬐고 비타민 D가 풍부한 식품을 섭취하여 비타민 D를 보충해 주어야 한다.

- 체내에서 비타민 D가 합성되려면 햇볕이 필요하다. 따라서 햇볕을 충분히 쬐어야 한다.
- 조리 과정에서 쉽게 파괴되지 않으며, 지용성이므로 지방과 함께 섭취해야 흡수가 더 잘된다.

- 차단 지수가 낮은 자외선 차단제를 사용해도 체내에서 비타민 D 합성이 되지 않을 수 있다.

어떤 식품에 많이 들어 있을까?

비타민 D는 자연식품에 거의 들어 있지 않지만 생선간유, 고등어나 연어, 꽁치, 장어 등 지방이 많은 생선, 달걀노른자, 표고버섯에 함유되어 있다.

비타민 D를 많이 함유한 식품 예(1회 분량)	
• 연어(60 g) 19.8 µg	• 고등어(60 g) 1.3 µg
• 참치 통조림(60 g) 3.8 µg	• 달걀(60 g) 12.5 µg
• 고칼슘 우유(200 g) 4.0 µg	• 목이버섯(데친 것, 30 g) 2.6 µg

우리나라는 아직 비타민 D의 필요량을 추정할 수 있는 과학적 근거가 부족하여 권장 섭취량 대신 충분 섭취량이 설정되어 있다.

💧 비타민 D 하루 충분 섭취량

(단위: µg)

연령(세)	3~11	12~64	65 이상
남자	5	10	15
여자	5	10	15

암, 고혈압, 심장 질환을 예방하는 비타민 D

최근 여러 연구에 의하면, 비타민 D는 전립샘암, 결장암, 유방암, 자궁암, 신장암 등의 암 발생 위험을 낮추는 것으로 알려졌다. 혈중 비타민 D 농도가 낮으면 전립샘암 발병 위험이 높아지며, 반면에 비타민 D를 충분히 투여하면 전립샘암 환자의 PSA(전립샘 특이 항원) 값이 낮아지고, 상승도 억제되었다고 한다. PSA는 전립샘에서 만들어지는 단백질로 이 값이 높으면 전립샘암 발병이 의심된다.

염증은 전립샘암과 위암, 결장암 등 여러 암의 촉진 인자로 알려져 있는데, 비타민 D가 염증 억제 작용을 하는 특정 유전자의 발현을 촉진시켜 전립샘암에 영향을 미치는 것으로 보인다. 또한 햇빛 노출 부족(비타민 D 결핍)과 자궁암 및 신장암과의 명확한 관련성이 확인되었다. 혈중 비타민 D 농도가 낮은 피부암 환자는 농도가 높은 환자에 비해 재발 위험이 더 높았다고 한다. 이와 같이 비타민 D는 전립샘을 비롯한 여러 암의 발병 위험을 낮출 뿐 아니라 암 환자의 생존율도 높인다는 증거가 있다.

또한 비타민 D는 암 외에 만성 질환을 예방하는 효과가 있다고 보고되었는데, 그중 하나가 심장 질환이다. 비타민 D가 결핍된 사람은 정상인 사람에 비해 심장 발작 발생률과 심장 질환으로 인한 조기 사망률도 증가하였다고 한다. 비타민 D가 혈압을 내려 염증을 억제하는 효과가 있을 뿐 아니라 동맥 경화를 억제하는 작용을 하는 것으로 추측하고 있다. 혈중 비타민 D 농도가 낮으면 고혈압과 직접 관련이 있다고 하며, 또한 여러 연구에서 식사에서 나트륨을 줄이는 것보다 비타민 D를 보충하는 것이 혈압을 낮추는 데 효과가 크다고 시사했다.

비타민 E

강력한 항산화 영양소

비타민 E는 강력한 항산화 작용을 하는 영양소로, 토코페롤(tocopherol)이라고도 한다. 비타민 E의 활성을 나타내는 물질은 8종류가 있으며, 그중 가장 활성이 높은 것이 알파토코페롤이다. 비타민 E는 식물성 기름과 견과류, 종실류 등 식물성 식품에 많이 들어 있으며, 동물성 식품에는 거의 들어 있지 않다. 비타민 E는 지용성이며, 다른 지용성 비타민들과 달리 간보다는 지방 조직에 주로 저장된다.

항산화 작용으로 세포막을 건강하게 유지한다

비타민 E는 지방이 많은 부위에서 활성 산소에 의한 지방 산화를 억제하는 항산화 작용을 한다. 주로 세포막과 지단백질 표면에 작용하는데, 세포막에 존재하는 다가 불포화 지방산에 의해 생성되는 활성 산소를 제거하여 연쇄적인 산화 과정을 차단함으로써 세포막을 보호한다. 다가 불포화 지방산이 다량 함유된 식물성 기름이 쉽게 산패되지 않는 것은 비타민 E가 들어 있기 때문이다.

동맥 경화나 심혈관계 질환을 예방한다

비타민 E는 혈액 내 나쁜 콜레스테롤(LDL 콜레스테롤)의 산화를 억제하고 혈전 형성을 방지하여 동맥 경화나 심혈관계 질환을 예방한다. 세포막 표면에 있는 비타민 C는 산화된 비타민 E를 원래대로 환원시켜 항산화 기능을 회복시켜 준다. 비타민 E는 또한 신경 세포와 면역 세포의 손상을 막으며, 말초 혈관을 넓혀 혈액 순환을 좋게 하므로 냉증, 어깨 결림, 요통 등에 효과가 있다.

◔ 섭취량이 부족하면 어떤 증상이 생길까?

비타민 E는 체내 지방 조직에 저장되어 있고, 일상적인 식사로 충분히 섭취할 수 있으므로 결핍되는 경우는 거의 없다. 그러나 성인의 경우 지방 흡수를 잘 못하거나 지단백질 대사에 문제가 있으면 결핍될 수 있다. 미숙아의 경우 비타민 E가 결핍되면 적혈구 세포막이 파괴되어 용혈성 빈혈이 발생할 수 있다.

◑ 너무 많이 섭취하면 어떤 증상이 생길까?

일상적인 식사로는 비타민 E를 너무 많이 섭취해서 건강에 문제가 되는 일은 거의 없다. 그러나 비타민 E를 보충제 등으로 많이(800~1200 mg α-TE) 섭취하면 비타민 K 흡수를 방해하고 혈액 응고 작용도 방해하여 혈액 응고가 늦어지거나 출혈이 심해질 수 있으며, 위장 질환이 생길 수 있다.

더 알아보기

항산화 영양소

우리 몸에서 에너지를 만들려면 산소가 필요한데, 체내에 들어온 산소 중 일부는 활성 산소(유해 산소)가 되어 오히려 세포를 늙게 하거나 변하게 만든다. 이러한 활성 산소를 제거하여 산화를 막는 작용을 하는 영양소를 항산화 영양소라고 한다. 항산화 작용을 하는 영양소에는 비타민 A, 비타민 C, 비타민 E, 셀레늄, 구리 등이 있다. 항산화 영양소는 세포 속의 지방, 단백질, DNA 등의 산화를 막아 암, 심혈관계 질환, 당뇨병 등을 예방하며, 노화를 방지한다. 이들 항산화 영양소를 충분히 섭취하려면 여러 가지 식품을 골고루 먹어야 한다.

비타민 E는 어떻게 먹어야 할까?

비타민 E는 빛과 산소, 열, 금속에 쉽게 파괴되므로 조리하거나 저장, 가공할 때 손실되기 쉽다.

도움 요인

- 비타민 C는 비타민 E의 항산화력을 회복시켜 준다. 비타민 E를 섭취할 때 비타민 C가 풍부한 식품을 함께 섭취하는 것이 좋다.
- 항산화력을 가진 비타민 A, 베타카로틴과 함께 먹으면 효과적이다.

방해 요인

- 비타민 E와 항응고제는 상승 작용을 하므로 항응고제를 복용하는 사람은 의사와 상의한 후 비타민 E를 복용한다.
- 비타민 E는 비타민 K 흡수를 방해하므로 비타민 K가 결핍되었을 때는 너무 많이 섭취하지 않는 것이 좋다.

어떤 식품에 많이 들어 있을까?

비타민 E는 콩기름 등 식물성 기름과 곡물 배아, 대두, 견과류, 종실류, 아보카도에 많다. 동물성 식품과 대부분의 채소에는 거의 없다.

비타민 E를 많이 함유한 식품 예(1회 분량)			
• 대두(20 g) 3.6 mg		• 노란콩(20 g) 3.4 mg	
• 호두(10 g) 1.9 mg		• 볶은 아몬드(10 g) 0.9 mg	
• 볶은 땅콩(10 g) 0.5 mg		• 면실유(5 g) 2.8 mg	
• 콩기름(5 g) 2.5 mg		• 해바라기유(5 g) 2.1 mg	
• 마요네즈(전란, 5 g) 2.1 mg		• 아보카도(100 g) 3.6 mg	

우리나라는 아직 비타민 E의 필요량을 추정할 수 있는 과학적 근거가 부족하여 권장 섭취량 대신 충분 섭취량이 설정되어 있다.

 비타민 E 하루 충분 섭취량

(단위: mg α-TE)

연령(세)	3~5	6~8	9~11	12~14	15~18	19 이상
남자	6	7	9	10	11	12
여자	6	7	9	10	11	12

*mg α-TE: mg α-토코페롤 당량(α-Tocopherol Equivalent)의 약자. 비타민 E의 활성을 나타내는 단위

건강 정보

비타민 E 보충제, 이런 사람은 주의하자

혈전이 생길 가능성이 높은 사람은 비타민 E를 복용하면 혈전증 발생 위험이 증가한다. 혈전증은 심장이나 혈관에서 피가 엉겨 붙는 혈전이 만들어지는 질환이므로 심장 질환이 있는 사람은 비타민 E를 보충제로 복용할 때 주의해야 한다. 본인이나 가족이 천식이나 발진, 두드러기 등의 병력이 있는 경우에도 비타민 E 보충제를 복용할 때 주의해야 한다.

에스트로젠이 포함된 피임약을 먹는 여성은 의사와 상의한 후 비타민 E 보충제 복용 여부를 결정해야 하며, 임신부가 고용량의 비타민 E를 복용하는 것은 안전성이 확인되지 않았으므로 복용하지 않는 것이 좋다.

비타민 K

녹색 채소에 풍부한 비타민

비타민 K는 크게 세 가지로 나눌 수 있다. 자연계에 존재하는 비타민 K는 지용성으로, 식물성 식품에 들어 있는 비타민 K_1(필로퀴논), 동물성 식품에 들어 있는 비타민 K_2(메나퀴논)가 있으며, 합성 물질로서 치료제로 사용되는 비타민 K_3(메나디온)가 있다. 비타민 K_1은 비타민 K의 주요 급원이며, 식물의 광합성 작용에 의해 합성되므로 녹색 채소에 풍부하다. 비타민 K_2는 사람의 장내 세균에 의해 합성된다. 수용성인 비타민 K_3는 흡수된 후 비타민 K_2로 전환되어 이용되는데, 체내 이용률이 가장 높지만 독성이 있으므로 많이 사용하면 안 된다. 비타민 K는 다른 지용성 비타민들과 달리 체내에 소량만 저장된다.

혈액 응고 인자를 만드는 데 필요하다

비타민 K의 가장 중요한 기능은 혈액 응고 인자 합성을 돕는 것이다. 비타민 K는 간에서 합성된 불활성형의 혈액 응고 단백질들을 활성화시키는 데 필요하다. 이 과정에서 최종적인 혈액 응고 단백질 '트롬빈'의 전구체인 '프로트롬빈'이 합성된다. 프로트롬빈은 평상시에는 불활성 형태로 있다가 출혈이 일어나면 칼슘 이온과 혈소판에 의해 '트롬빈'으로 활성화되어 혈액을 응고시킨다. 따라서 비타민 K가 결핍되면 혈액 응고가 지연된다.

골격 형성과 발달에 관여한다

비타민 K는 골격 단백질인 오스테오칼신의 합성과 분비를 촉진하며, 오스테오칼신이 칼슘과 결합하여 골격을 형성하고 발달시키는 데 관여한다. 따라서 비타민 K가 부족하면 골밀도가 낮아진다. 특히 폐경기 여성은 비타민 K를 보충하면 뼈 건강에 도움이 된다. 비타민 K는 칼슘이 골격에 안정하게 유지되는 데에도 필요하며, 소장에서 칼슘 흡수에 필요한 단백질 합성에도 관여하여 칼슘 흡수를 돕는다.

섭취량이 부족하면 어떤 증상이 생길까?

비타민 K가 결핍되면 혈액 응고가 지연되어 쉽게 멍이 들거나, 코피와 잇몸 출혈, 혈뇨, 혈변 등이 나타날 수 있다. 그러나 비타민 K는 녹색 채소에 많이 들어 있고, 장내 세균에 의해 합성되므로 정상적인 식사를 하는 성인은 결핍될 가능성이 거의 없다. 다만 신생아는 위장관이 거의 무균 상태이므로 비타민 K를 합성할 수 없고, 모유 속에 비타민 K 함량이 낮아 출혈 시 혈액 응고가 지연될 위험이 크며, 미숙아의 경우 더욱 심각하다. 오랫동안 비타민 K가 결핍되면 골격이 약해지고, 골절이 생길 수 있으며, 골다공증 발생 위험이 증가한다. 여성 호르몬인 에스트로젠은 비타민 K 흡수를 촉진하므로 여성보다 남성이 비타민 K가 결핍될 가능성이 크다.

너무 많이 섭취하면 어떤 증상이 생길까?

비타민 K는 지용성이지만 체내에서 빨리 배설되므로 일상적인 식사로는 많이 섭취해서 건강에 문제가 되는 일은 거의 없다. 그러나 너무 많이 섭취하면 간이나 담낭 등에 질환을 일으킬 수 있다. 영아가 합성 비타민 K인 메나디온(K_3)을 너무 많이 섭취하면 황달과 출혈성 빈혈의 위험이 높아진다.

🛡 지식 플러스

비타민 K 이름의 유래

비타민 K는 덴마크 학자가 혈액 응고 기능을 발견하여 응고라는 뜻의 덴마크어 'Koagulation'의 'K'자를 따왔다.

비타민 K는 어떻게 먹어야 할까?

비타민 K는 녹색 채소에 풍부하므로 녹색 채소를 충분히 먹는 것이 좋다.

도움 요인

- 녹색 채소를 가열 조리하여 먹으면 흡수가 더 잘 된다.
- 비타민 K는 건강한 장내 세균에 의해 합성된다.

방해 요인

- 간에 질병이 있으면 비타민 K의 기능이 떨어지는데, 비타민 K가 활성화되려면 간이 건강해야 하기 때문이다.
- 비타민 E를 너무 많이 먹으면 비타민 K의 작용을 방해하여 비타민 K 결핍증을 유발할 수 있다.

어떤 식품에 많이 들어 있을까?

비타민 K는 녹색 채소와 해조류, 콩류에 많이 들어 있다.

비타민 K를 많이 함유한 식품 예(1회 분량)			
• 케일(70 g) 367.5 µg		• 시금치(70 g) 314.7 µg	
• 쑥갓(70 g) 134.0 µg		• 브로콜리(70 g) 127.7 µg	
• 미나리(70 g) 89.0 µg		• 조미 김(1장, 2 g) 13.1 µg	
• 미역(30 g) 10.8 µg		• 키위(100 g) 42.7 µg	
• 쥐눈이콩(20 g) 12.0 µg		• 서리태(20 g) 6.4 µg	

우리나라는 아직 비타민 K의 필요량을 추정할 수 있는 과학적 근거가 부족하여 권장 섭취량 대신 충분 섭취량이 설정되어 있다. 식사를 통해 비타민 K를 하루에 체중 kg당 1 μg 정도 섭취하면 정상적으로 혈액 응고가 일어날 수 있다.

 비타민 K 하루 충분 섭취량

(단위: μg)

연령(세)	3~5	6~8	9~11	12~14	15~18	19 이상
남자	30	45	55	70	80	75
여자	30	45	55	65	65	65

건강 정보

장염과 비타민 K 결핍

장 질환이나 장내 세균 활동에 문제가 생길 경우 비타민 K 결핍이 나타난다. 특히 크론병, 간 질환, 담도 질환, 장염의 경우에도 비타민 K가 결핍될 가능성이 높다. 그러므로 간 질환이나 장 관련 질환일 경우에는 시금치나 케일, 브로콜리와 같은 녹색 채소를 많이 먹도록 한다. 양배추도 비타민 K가 풍부하며, 장염에도 효과가 있다. 대부분의 과일에는 비타민 K가 거의 함유되어 있지 않지만 사과에는 비타민 K가 풍부하다. 오랫동안 항생제를 복용하면 장내 세균이 사멸하므로 장에서 비타민 K 합성량이 줄어들어 비타민 K가 결핍될 가능성이 높아진다. 이 경우 식사로 비타민 K를 충분히 섭취해야 하며, 심하면 보충제를 복용할 필요가 있다.

비타민 B₁

쌀이 주식인 사람에게 중요한 비타민

비타민 B군 중 순수한 형태로 얻어진 최초의 비타민이므로 비타민 B₁이라고 명명되었다. 그 후 황을 함유한 아민 화합물로 밝혀지면서 '티아민(thiamin)'이라는 화학명이 붙여졌다. 비타민 B₁은 에너지 대사, 특히 탄수화물 대사에 필수적인 비타민이므로 쌀을 주식으로 하는 우리나라 사람에게 매우 중요한 비타민이다. 비타민 B₁은 체내에서 근육, 심장, 간에 소량 저장되고, 빨리 소모되며 소변으로 빠르게 배설되므로 비타민 B₁을 지속적으로 섭취해야 한다.

탄수화물이 에너지를 만들 때 꼭 필요하다

비타민 B₁은 조효소 형태로 탄수화물, 지질, 단백질의 에너지 대사에 관여한다. 즉 에너지 영양소들이 에너지를 만드는 일을 도와주며, 특히 탄수화물이 에너지를 만들 때 반드시 필요하다. 따라서 탄수화물을 많이 먹으면 비타민 B₁ 필요량이 증가한다. 비타민 B₁은 또한 신경 전달 물질인 아세틸콜린의 합성과 일부 아미노산 대사를 도우므로 신경과 근육 활동에 필요하다. 그리고 비타민 B₁은 뇌와 중추 신경계가 제대로 에너지를 공급받을 수 있도록 하여 뇌와 신경 기능을 정상적으로 유지하게 하며, DNA와 RNA의 구성 성분인 오탄당을 합성하는 데에도 필요하다.

섭취량이 부족하면 어떤 증상이 생길까?

비타민 B₁ 결핍증은 초기에는 뚜렷한 증세가 없이 진행되기 때문에 모르고 지나갈 수 있다. 모든 세포는 에너지를 필요로 하므로 비타민 B₁ 결핍은 신체 모든 기관에 영향을 미칠 수 있다. 비타민 B₁의 가벼운 결핍 증세는 식욕 저하, 체중 감소, 허약, 권태, 근육 무력증, 단기 기억력 감퇴, 혼돈 등이 있다. 비타민 B₁이 더 결핍되면 신경계와 심혈관계 장애를 나타내는 각기병이 생기며, 심하면 생명이 위험할 수도 있다. 수유부가 비타민 B₁이 결핍되면 모유 수유를 받은 영아는 젖 빨기 장애, 구토, 무감각 등의 증세가 나타나며, 급성 심부전이 나타날 수 있다. 식사를 제대로 하지 않는 만성 알코올 중독, 영양실조인 경우 비타민 B₁ 결핍증이 발생하기 쉽다.

너무 많이 섭취하면 어떤 증상이 생길까?

비타민 B₁을 많이 섭취하면 소변으로 배설되므로 일상적인 식사로 많이 섭취해서 건강에 문제가 되는 일은 없다. 그러나 보충제 등으로 많이 섭취하면 구토, 메스꺼움, 현기증 등이 나타날 수 있다.

지식 플러스

비타민 B군의 종류

비타민 B군은 비타민 B 복합체라고도 하며, 비타민 B₁, 비타민 B₂, 니아신, 비타민 B₆, 폴산, 비타민 B₁₂, 판토텐산, 바이오틴이 있다.

대사

생체 내에서 이루어지는 영양소들의 분해와 합성에 관한 화학 변화이다. 생체 물질을 합성하는 동화 작용과 생체 물질을 분해하는 이화 작용의 두 가지 과정이 있다.

비타민 B₁은 어떻게 먹어야 할까?

에너지 섭취량, 특히 곡류 섭취량이 많은 사람일수록 비타민 B₁을 많이 섭취해야 한다. 비타민 B₁은 수용성이므로 물을 이용한 조리를 하면 좋지만, 물에 의해 손실될 수도 있으므로 주의해야 한다.

- 비타민 B₁은 조리할 때 국물에 녹아나오므로 음식을 먹을 때 국물까지 함께 먹는다.
- 비타민 B₁은 쇠고기보다 돼지고기에 더 많이 들어 있기 때문에 쌀밥을 먹을 때 쌀의 탄수화물을 완전히 이용하기 위해서는 돼지고기를 먹는 것이 더 좋다.
- 마늘에 들어 있는 알리신 성분은 비타민 B₁의 흡수를 높이므로 돼지고기를 먹을 때 마늘과 함께 먹으면 좋다.

방해 요인

- 비타민 B₁은 열과 산소에 약하며, 특히 중성과 알칼리성 조건에서 더 잘 손실되므로 조리 과정에서 쉽게 파괴된다.
- 도정과 같은 식품 가공을 거치면 비타민 B₁이 제거될 수 있다.

어떤 식품에 많이 들어 있을까?

비타민 B₁을 함유한 식품은 많으나 일반적으로 함량이 낮으므로 다양한 식품을 섭취해야 한다.

비타민 B₁을 많이 함유한 식품 예(1회 분량)

• 쇠간(60 g) 1.60 mg	• 돼지 간(60 g) 1.50 mg
• 돼지고기(살코기, 60 g) 0.40 mg	• 굴(80 g) 0.16 mg
• 통밀(90 g) 0.47 mg	• 메밀(90 g) 0.41 mg
• 현미(90 g) 0.30 mg	• 감자(140 g) 0.08 mg
• 노란콩(20 g) 0.11 mg	• 팥(20 g) 0.11 mg

💧 비타민 B₁ 하루 권장 섭취량

(단위: mg)

연령(세)	3~5	6~8	9~11	12~14	15~18	19 이상
남자	0.5	0.7	0.9	1.1	1.3	1.2
여자	0.5	0.4	0.6	1.1	1.2	1.1

각기병

각기병을 뜻하는 영어 beriberi는 원래 스리랑카 원주민의 언어로 '나는 할 수 없어, 나는 할 수 없어.'를 의미한다고 한다. 비타민 B_1 결핍증인 각기병은 19세기 이전에 아시아에서 주로 발생하였다. 각기병은 잘 도정된 백미를 주식으로 먹는 경우 발생할 수 있는데, 이는 도정 과정에서 비타민 B_1이 제거되기 때문이다. 수 주일간 정제된 백미만 먹으면 나타날 수 있다.

각기병은 신경계와 심혈관계 장애를 나타내며, 건성 각기와 습성 각기로 구분된다. 건성 각기는 근육 소모증이 뚜렷이 나타나 근육이 약해지고 마비되어 운동 기능과 보행 장애가 나타나고, 말초 신경이 마비되며, 심장이 비대해지고 박동이 불규칙해져 심하면 사망할 수 있다. 습성 각기는 신경계 이상 외에 부종을 동반하는 것이 특징이며, 심부전 등 심혈관계 이상 증상, 장기 조직의 부종, 다리 부종이 나타난다.

비타민 B₂
산화·환원 반응에 필수적인 비타민

비타민 B₂는 우리 몸에서 에너지 영양소가 에너지를 만들어 내는 데 필요하며, 리보플라빈(riboflavin)이라고도 한다. '리보플라빈'은 비타민 B₂가 띠고 있는 노란색을 뜻하는 라틴어 'flavus'에서 따왔다. 비타민 B₂는 장내 세균에 의해 합성되며, 간과 근육에 아주 소량 저장되는데, 간에 일정량만 저장되며, 과다 섭취하면 소변으로 배설된다.

에너지를 만들 때 중요한 역할을 한다

비타민 B₂는 조효소 형태로 체내 여러 산화·환원 반응에 관여하여 에너지 대사를 돕는다. 특히 탄수화물, 지질, 단백질의 산화에 관여하여 에너지를 만들 때 매우 중요한 역할을 하며, 체내 탄수화물 저장 물질인 글리코젠이나 케톤체 합성에도 필요하다.

➕ **지식 플러스**

산화·환원 반응

산소 원자, 수소 원자 또는 전자의 이동과 관련된 모든 반응을 말한다. 산화는 산소와 결합하거나 수소를 잃거나 전자 수가 줄어드는 것을 말하고, 환원은 산소와 분리되거나 수소와 결합하거나 전자 수가 늘어나는 경우를 말한다. 산화·환원 반응은 동시에 일어난다.

항산화 효소의 기능을 돕는다

비타민 B$_2$는 항산화 효소들의 활성에도 영향을 미쳐 항산화 효소가 항산화 기능을 수행할 수 있도록 도와주고, 과산화 지질의 생성을 억제하고 분해를 촉진하여 동맥 경화나 심혈관계 질환을 예방한다. 또 피부와 밀접한 관련이 있어 피부, 머리카락, 손톱 등 세포의 생성과 재생을 촉진하여 건강하게 유지하며, 눈의 피로를 완화하고 백내장 발병 위험을 낮춘다. 비타민 B$_2$는 필수 아미노산인 트립토판이 니아신으로 전환될 때, 비타민 B$_6$와 폴산이 조효소 형태로 전환될 때에 필요하다.

섭취량이 부족하면 어떤 증상이 생길까?

권장량의 1/4 정도로 비타민 B$_2$가 결핍된 식사를 3개월 이상 하면 결핍증이 나타난다. 비타민 B$_2$는 체내 여러 산화·환원 반응에 관여하므로 결핍 증상은 신체 여러 부위에 광범위하게 나타나는데, 특히 초기 증상은 입과 혀의 염증이다. 비타민 B$_2$의 대표적인 결핍 증상은 설염, 구순 구각염, 빈혈, 입 주위와 음낭 등의 지루성 피부염, 안구 출혈, 광선 공포증, 백내장 등이 있다. 비타민 B$_2$가 결핍되면 지방산 산화가 감소되어 지방간이 발생할 수 있다. 그러나 식품에는 비타민 B$_2$뿐 아니라 비타민 B$_1$, 니아신과 같은 비타민 B군이 함께 존재하므로 비타민 B$_2$만의 결핍증은 거의 없고, 대부분 비타민 B군의 부족에 따른 결핍이다.

너무 많이 섭취하면 어떤 증상이 생길까?

비타민 B$_2$는 많이 섭취하면 단시간에 소변으로 배설되기 때문에 많이 섭취해서 건강에 문제가 되는 일은 없다. 그러나 비타민 B$_2$ 보충제를 하루에 400 mg 이상 섭취하면 설사나 다뇨가 생길 수 있으며, 너무 많이 섭취하면 소변이 형광 노란색을 띤다.

비타민 B$_2$는 어떻게 먹어야 할까?

비타민 B$_2$는 수용성이지만 물에 잘 녹지 않으며, 열에 안정하다. 그러나 광선이나 자외선에 약해서 햇빛 등에 노출되면 손실되므로 햇빛을 차단하여야 한다.

도움 요인

• 비타민 B₂는 장내 세균에 의해 합성되어 이용될 수 있으며, 특히 육식보다 채식 위주의 식사를 할 때 합성량이 더 많아진다.

방해 요인

• 우유나 유제품은 광선을 차단할 수 있는 종이나 플라스틱 용기 등 불투명 용기에 보관해야 한다.

어떤 식품에 많이 들어 있을까?

비타민 B₂는 간, 돼지고기, 우유·유제품, 생선, 달걀 등의 동물성 식품에 많이 들어 있으며, 깻잎, 시금치 등의 녹색 채소와 대두에도 함유되어 있다.

비타민 B₂를 많이 함유한 식품 예(1회 분량)

• 돼지 간(60 g) 1.55 mg	• 돼지고기(목살, 60 g) 0.18 mg
• 대구알(60 g) 0.40 mg	• 고등어(60 g) 0.28 mg
• 달걀(60 g) 0.28 mg	• 요구르트(액상, 150 g) 0.63 mg
• 우유(200 g) 0.32 mg	• 깻잎(70 g) 0.36 mg
• 아욱(70 g) 0.34 mg	• 서리태(20 g) 0.14 mg

💧 **비타민 B₂ 하루 권장 섭취량**

(단위: mg)

연령(세)	3~5	6~8	9~11	12~14	15~18	19 이상
남자	0.6	0.9	1.2	1.5	1.7	1.5
여자	0.6	0.8	1.0	1.2	1.2	1.2

생애 주기와 비타민 B₂ 필요량

비타민 B₂는 체내 에너지 대사에 관여하므로 남녀 또는 생애 주기별 에너지량에 따라 필요량이 달라진다. 임신부나 수유부의 경우 임신과 모유 생성에 따른 에너지량의 증가로 비타민 B₂ 필요량이 증가한다. 또 운동과 신체 활동 증가로 에너지 소비가 증가하면 소변으로 비타민 B₂가 배설되는 양이 감소하며, 비타민 B₂가 가볍게 결핍되어도 운동 수행 능력이 감소한다는 보고가 있다. 그러나 건강한 사람이나 운동선수들에게 비타민 B₂ 보충이 운동 수행 능력을 증가시켰다는 보고는 없다.

니아신

필수 아미노산으로부터 합성되는 비타민

    니아신은 비타민 B군에 속하며, 니코틴산과 니코틴아미드를 총칭하는 이름이다. 니아신은 비타민 B_1, 비타민 B_2와 함께 우리 몸에서 에너지를 만드는 데 필요하며, 필수 아미노산인 트립토판으로부터 합성된다. 트립토판 $60\,mg$이 니아신 $1\,mg$으로 전환되는데, 이때 비타민 B_2, 비타민 B_6, 철이 필요하다. 우리 몸에 니아신은 일정량만 간에 저장되며, 필요량 이상은 소변으로 배설된다. 니아신은 다른 수용성 비타민과 달리 열에 매우 안정하다.

에너지 대사, 지방산과 콜레스테롤 합성에 필요하다

    니아신은 조효소 형태로 체내 산화·환원 반응에 관여하는데, 특히 에너지 대사에 중요한 역할을 한다. 즉 탄수화물, 지질, 단백질이 에너지를 생성하는 데 필요하며, 지방산과 콜레스테롤의 합성에도 필요하다. 니아신은 말초 혈관을 확장시켜 혈액 순환을 돕는다. 또 알코올 대사를 촉진하여 알코올 분해 산물인 아세트알데하이드를 분해하므로 니아신을 음주 전에 섭취하면 숙취 예방 효과가 있다. 니아신은 피부와 점막 세포의 재생을 도와 건강하게 유지한다.

🌔 섭취량이 부족하면 어떤 증상이 생길까?

니아신과 트립토판이 모두 부족한 식사를 수개월 동안 계속하면 니아신 결핍증인 펠라그라(pellagra)에 걸린다. 니아신이 부족하면 식욕 감퇴, 체중 감소, 피로, 위장 장애 등이 생기며, 더 심하게 부족하면 펠라그라에 걸려 피부염, 설사 등의 소화기 장애와 우울 등의 신경계 장애가 나타나고, 치료하지 못하면 사망에 이르게 된다. 피부염(dermatitis), 설사(diarrhea), 우울, 정신 이상(dementia), 사망(death)의 증상이 영어로 'D'로 시작하므로 이를 '펠라그라의 4D 현상'이라고 한다. 비타민 B_2, 비타민 B_6, 철은 트립토판이 니아신으로 전환하는 데 필요하므로 이들 영양소가 부족하면 펠라그라에 더 잘 걸릴 수 있다. 또 임신부나 수유부, 알코올 중독자는 니아신 결핍이 일어나기 쉽다.

🌑 너무 많이 섭취하면 어떤 증상이 생길까?

일상적인 식사로는 니아신을 많이 섭취해서 건강에 문제가 되는 일은 없다. 그러나 니아신 보충제나 약물, 또는 니아신 강화식품을 너무 많이 섭취하면 건강에 나쁜 영향을 미칠 수 있다. 니아신은 정신 분열증이나 고지질혈증 치료약으로 사용되고 있다. 니아신을 너무 많이 섭취하면 먼저 피부 홍조가 나타나며, 그 밖에 가려움증과 메스꺼움이 유발되고, 오랫동안 과다 섭취하면 소화기 장애, 혈당 증가와 간 기능 장애가 생길 수 있다.

니아신은 어떻게 먹어야 할까?

니아신은 다른 수용성 비타민과 달리 열에 매우 안정하여 조리나 저장 중에 거의 손실되지 않는다.

도움 요인

- 달걀, 우유와 같은 트립토판이 많이 들어 있는 식품을 섭취하면 니아신을 합성할 수 있다.

방해 요인

- 단백질 함량이 낮은 식단은 트립토판이 부족해져 니아신을 공급받을 수 없다.
- 옥수수의 니아신은 잘 분해되지 않으므로 몸에 잘 흡수되지 않는다.

어떤 식품에 많이 들어 있을까?

니아신은 우리 몸에서 필수 아미노산인 트립토판으로부터 합성되지만 합성되는 양만으로는 부족하므로 니아신이 풍부한 식품을 통해 섭취해야 한다. 니아신은 간, 육류, 생선, 콩류, 견과류에 많이 들어 있으며, 우유와 달걀에는 니아신이 적게 함유되어 있지만 트립토판이 풍부하다. 채소와 과일에는 니아신이 거의 없다.

니아신을 많이 함유한 식품 예(1회 분량)			
• 쇠간(60 g) 8.82 mg		• 돼지 간(60 g) 7.08 mg	
• 돼지고기(살코기, 60 g) 2.94 mg		• 닭고기(살코기, 60 g) 1.74 mg	
• 고등어(60 g) 4.92 mg		• 연어(60 g) 4.50 mg	
• 꽁치(60 g) 3.84 mg		• 볶은 땅콩(10 g) 0.99 mg	
• 싸리버섯(30 g) 13.90 mg		• 느타리버섯(30 g) 1.64 mg	

💧 니아신 하루 권장 섭취량

(단위: mgNE)

연령(세)	3~5	6~8	9~11	12~14	15~18	19 이상
남자	7	9	12	15	17	16
여자	7	9	12	15	14	14

*mgNE: mg 니아신 당량(Niacin Equivalent)의 약자

니아신의 녹내장 예방 효과

　　최근 연구 결과를 보면, 니아신을 충분히 섭취하면 녹내장 발병 위험이 감소하고, 덜 섭취할수록 발병 위험이 증가한다고 한다. 니아신을 하루 20 mg 이상 섭취한 사람이 10 mg 미만으로 소량 섭취한 사람보다 녹내장 발생 위험이 40 % 감소하였고, 초기 녹내장인 경우에도 니아신이 치료에 도움이 된다고 한다. 녹내장은 안압이 상승하여 눈으로 받아들인 빛을 뇌로 전달하는 시신경에 장애가 생겨 시야 결손 및 시력 손상을 일으키는 질환으로, 시력을 서서히 잃어 실명에까지 이르는 치료 방법이 없는 무서운 질병이다. 니아신은 죽어가는 시신경 세포의 에너지 활성을 도와 손상된 세포를 복구시킨다. 따라서 균형 잡힌 식사를 통해 니아신 등의 영양소를 골고루 섭취하면 녹내장을 예방하고 치료하는 데 도움이 된다.

비타민 B₆

단백질 대사에 필수적인 비타민

비타민 B₆는 우리 몸에서 단백질을 만들고 분해하는 등 단백질 대사에 필수적이며, 종류에는 피리독살, 피리독신, 피리독사민이 있다. 비타민 B₆는 동물성 식품에 많으며, 다른 비타민들과 달리 수용성이지만 몸속에 저장되어 있으며, 장내 세균에 의해 만들어진다.

피부, 머리카락 등을 건강하게 유지한다

비타민 B₆는 조효소 형태로 체내 단백질과 여러 아미노산 대사에 관여한다. 아미노산에서 아미노기를 제거하여 새로운 아미노산 합성에 이용하도록 하는데, 이 과정에서 불필수 아미노산이 만들어진다. 따라서 비타민 B₆는 단백질의 분해와 합성에 필요하므로 비타민 B₆를 충분히 섭취하면 단백질이 주성분인 피부, 머리카락, 손톱 등을 건강하게 유지할 수 있다.

비타민 B₆는 아미노산을 제거하고 남은 탄소 골격으로 포도당을 새로 합성하거나 체내 다당류인 글리코젠을 분해하는 데 작용하는 등 탄수화물 대사에도 관여한다.

신경 전달 물질과 적혈구 합성에 필요하다

비타민 B6는 에피네프린, 노에피네프린, 세로토닌, 도파민 등의 신경 전달 물질의 합성에 필요하므로 비타민 B6가 부족하면 뇌파계에 이상이 생긴다. 또 적혈구의 구성 성분인 헴 합성의 첫 단계에도 필요하다. 따라서 비타민 B6가 부족하면 철 결핍성 빈혈과 비슷한 빈혈이 생긴다. 비타민 B6는 백혈구와 림프구 생성에도 관여하여 면역 기능을 도우며, 트립토판으로부터 니아신을 합성할 때에도 필요하다.

섭취량이 부족하면 어떤 증상이 생길까?

비타민 B6는 우리 몸에 상당량 저장되어 있으며 장내 세균에 의해 어느 정도 합성되므로 결핍 증상은 거의 나타나지 않으나 잠재적 결핍은 흔히 나타난다. 비타민 B6의 결핍 증상은 다른 수용성 비타민 결핍과 함께 복합적으로 나타나는데, 특히 비타민 B2가 결핍되면 증상이 심해진다. 비타민 B6가 결핍되면 구토, 메스꺼움, 빈혈, 지루성 피부염, 구각염, 설염, 우울, 신경 과민, 정신 착란, 간질성 혼수 등이 생긴다. 또 심혈관계 질환과 뇌졸중, 그리고 폐암, 직장암 등의 발병 요인이 될 수 있다.

너무 많이 섭취하면 어떤 증상이 생길까?

일상적인 식사로는 비타민 B6를 많이 섭취해서 건강에 문제가 되는 일은 없다. 그러나 생리 전 증후군, 천식, 손목관 증후군 등의 질병 치료를 목적으로 보충제를 오랫동안 과량 섭취하면 감각 이상, 신경 장애, 피부병, 운동 실조 등이 생길 수 있다.

지식 플러스

아미노산

단백질을 만들려면 20가지 아미노산이 모두 필요하다. 그중 불필수 아미노산은 다른 아미노산으로부터 만들어지는데, 이때 비타민 B6가 필요하다. 필수 아미노산은 우리 몸에서 합성되지 않으므로 식품으로 섭취해야 한다.

비타민 B₆는 어떻게 먹어야 할까?

단백질을 많이 그리고 자주 섭취하는 사람일수록 비타민 B₆를 많이 섭취해야한다. 비타민 B₆는 열과 광선에 약하므로 조리와 가공 중에 많이 손실된다.

도움 요인

- 동물성 식품에 들어 있는 비타민 B₆는 식물성 식품에 들어 있는 것보다 흡수율이 높다.
- 비타민 B₆는 뇌 활동을 촉진시켜 숙면을 방해할 수 있으므로 비타민 B₆ 보충제는 자기 전보다 아침에 복용하여 낮 동안 작용하게 하는 것이 좋다.

방해 요인

- 알코올 중독, 갑상샘 기능 항진, 결핵 치료제 복용, 그리고 고단백질 식사는 비타민 B₆가 부족할 수 있다.

어떤 식품에 많이 들어 있을까?

비타민 B₆는 동물성 식품에 많으며, 녹색 채소 등의 식물성 식품에도 들어 있지만 동물성 식품보다 흡수율과 체내 이용률이 낮다.

비타민 B₆를 많이 함유한 식품 예(1회 분량)	
• 닭 간(삶은 것, 40 g) 0.30 mg	• 돼지 간(삶은 것, 40 g) 0.23 mg
• 돼지고기(살코기, 60 g) 0.02 mg	• 쇠고기(살코기, 60 g) 0.02 mg
• 연어(60 g) 0.25 mg	• 고등어(60 g) 0.01 mg
• 현미(90 g) 0.06 mg	• 시금치(70 g) 0.04 mg
• 아보카도(100 g) 0.32 mg	• 바나나(1/2개, 100 g) 0.09 mg

비타민 B$_6$ 하루 권장 섭취량

(단위: mg)

연령(세)	3~5	6~8	9~11	12 이상
남자	0.7	0.9	1.1	1.5
여자	0.7	0.9	1.1	1.4

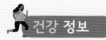

건강 정보

꿈 기억을 도와주는 비타민 B$_6$

대부분의 사람들은 잠을 자는 동안 꿈을 꾸어도 다음 날 꿈 내용을 생생하게 기억하지 못한다. 그런데 최근 연구 결과를 보면, 비타민 B$_6$를 섭취하면 간밤에 꾼 꿈을 기억하는 데 도움이 된다고 한다. 자각몽은 꿈을 꾸는 동안 자신이 꿈을 꾸는 중이라고 깨닫는 능력이다. 이것이 가능해지면 어려운 명상, 집중력 향상, 공포감 치료, 운동 능력 향상, 창의력 향상에 도움이 된다고 알려져 있다. 또 매일 꾼 꿈을 다시 기억해낼 수 있는 능력을 기르면 좋은 꿈을 꾸게 된다고 한다.

멀미와 비타민 B$_6$

멀미는 보는 것과 듣는 것, 느끼는 것, 움직이는 것이 균형을 이루지 못할 때 생기는 증상이다. 멀미로 인한 메스꺼움은 다양한 신경 불균형이 구토 중추에 전달되어 토하고 싶은 느낌이 들게 한다. 멀미약은 항히스타민제, 부교감 신경 차단제, 비타민 B$_6$, 카페인 등의 성분을 적절히 조합하여 만든다. 항히스타민제는 신경을 안정시키며, 부교감 신경 차단제는 속을 편하게 하고, 비타민 B$_6$는 구토를 줄여 주며, 카페인은 각성 작용을 한다. 특히 비타민 B$_6$ 중 피리독신은 메스꺼움과 구토를 완화시키며 안전하고 효능이 좋아 멀미약, 임신부의 입덧을 예방하고 완화시키는 제제로 사용되고 있다.

폴산

새로운 세포를 만들고 성장시키는 비타민

시금치에서 발견된 폴산(folate)은 녹색 채소에 많이 들어 있어 '잎'을 뜻하는 라틴어 'folium'에서 유래된 이름이며, 우리말로는 엽산이라고 하기도 한다. 폴산은 열, 산소, 자외선에 약하여 오랫동안 저장하거나 고온으로 가열하면 손실되기 쉽다. 그러나 보충제나 강화한 식품의 폴산은 안정한 형태가 된다.

핵산 합성과 적혈구 생성에 필요하다

핵산 합성에 필수적인 폴산은 적혈구와 같은 세포 분화가 빠르게 일어나는 조직에서 특히 중요하여 비타민 B_{12}와 함께 적혈구 생성에 중요한 역할을 한다. 폴산은 아미노산의 합성, 분해, 상호 전환에 관여하는데, 특히 호모시스테인으로부터 메싸이오닌을 합성하는 데 필요하며, 이 과정 역시 비타민 B_{12}와 함께 작용한다.

폴산은 조효소 형태로 핵산과 아미노산 대사에 필요한 비타민이다. 폴산은 핵산의 구성 성분을 합성하는 데 반드시 필요하며, 특히 DNA 합성에 꼭 필요하다. 따라서 폴산은 사람의 성장기 인자로 작용하므로 세포 분열이 활발하게 일어나는 유아기, 아동기, 청소년기, 임신기, 수유기에 필요량이 매우 증가하여 이 시기에 폴산이 결핍되기 쉽다. 임신기에는 수정란의 세포 분열이 계속 일어나는데, 이때 폴산의 필요량이 증가하며, 임신 초기에 태아의 신경관 형성에 폴산이 특히 필요하다.

섭취량이 부족하면 어떤 증상이 생길까?

폴산은 장내 세균에 의해 합성되므로 일상적인 식사를 하는 경우 쉽게 결핍되지 않는다. 그러나 폴산이 결핍되면 핵산 합성에 문제가 생겨 세포 분열이 원활하게 일어나지 못하여 적혈구 수가 감소하고, 적혈구가 제대로 성숙하지 못해 산소 운반 능력이 감소하는 거대적아구성 빈혈이 발생한다. 거대적아구성 빈혈은 설염과 설사를 동반하는 경우가 많고 비타민 B$_{12}$ 결핍증과 비슷하다. 임신부가 임신 초기에 폴산이 부족하면 태아의 신경관 형성에 장애가 생겨 신경관 손상에 의한 기형아를 출산할 확률이 높으며, 언청이, 다운증후군, 선천성 심장 질환, 유산 등을 일으킬 수 있다. 또 노인의 우울증, 치매, 정신 질환도 폴산 부족과 관련이 있다고 한다.

너무 많이 섭취하면 어떤 증상이 생길까?

일상적인 식사로는 폴산을 많이 섭취해서 건강에 문제가 되는 일은 없다. 그러나 비타민 B$_{12}$ 결핍증은 폴산의 결핍증과 비슷하기 때문에 폴산을 너무 많이 섭취하면 비타민 B$_{12}$ 결핍 상태를 알 수 없게 되어 신경계 손상을 악화시킬 수 있다. 또 오랫동안 너무 많이 섭취하면 폴산이 신장에 축적되어 신장 손상이 생길 수 있다.

지식 플러스

핵산

우리 몸에서 세포가 분열하려면 핵산이 필요하다. 핵산에는 DNA와 RNA 두 종류가 있는데, 이 핵산을 만드는 데 폴산이 꼭 필요하다.

호모시스테인 농도

폴산이 부족하면 혈중 호모시스테인 농도가 증가하는데, 혈중 호모시스테인 농도 증가는 심혈관계 질환과 뇌졸중의 위험 요인이 된다. 그러나 아직 폴산 보충이 심혈관계 질환을 예방한다고 결론지을 수는 없다.

신경관 손상

태아 형성 과정에서 임신 3주째에 배아의 등 쪽에 위치한 특정 세포가 모양을 변형하며 신경관을 형성하기 시작한다. 이 과정에서 신경관이 제대로 닫히지 않으면 신경관 손상(척추 파열, 이분 척추 등)이 일어나게 된다.

폴산은 어떻게 먹어야 할까?

폴산은 태아의 신경관 형성에 중요하므로 임신 초기 임산부들에게 꼭 필요한 영양소이다. 태아의 신경관이 닫히는 시기는 수정 후 28일 이내이므로 임신을 준비하고 있는 경우 임신 3개월 전부터 미리 적정량의 폴산을 섭취하는 것이 좋으며, 임신 초기인 12~13주까지 꾸준히 섭취할 것을 권장한다. 임신부의 경우 하루 220 ㎍ DFE의 폴산을 추가로 권장하고 있다. 그러나 이 시기에 식품만으로 폴산을 충분히 섭취하기 어려우므로 폴산 보충제를 복용하는 것도 좋다.

도움 요인

- 식품 중의 비타민 C는 폴산의 손실을 방지하므로 비타민 C가 함유된 채소와 과일은 폴산의 보존율이 높다.
- 폴산은 빛과 열에 약하여 식품을 저장하거나 조리하는 과정에서 많이 손실되므로 생으로 섭취하는 것이 도움이 된다.

방해 요인

- 과도한 알코올 섭취는 폴산의 흡수를 방해하고 배설을 촉진한다.
- 흡연자는 비흡연자에 비해 폴산의 필요량이 증가한다.
- 아스피린, 아세트아미노펜 등의 비스테로이드계 항소염제나, 항경련성제, 류머티스성 관절염 치료약으로 항폴산제를 너무 많이 섭취하면 폴산 흡수가 낮아지거나 체내 이용에 방해를 받는다.

어떤 식품에 많이 들어 있을까?

폴산은 시금치, 깻잎, 브로콜리 등의 녹색 채소와 간, 달걀에 많이 들어 있다.

폴산을 많이 함유한 식품 예(1회 분량)			
• 닭 간(삶은 것, 40 g) 231 μg		• 돼지 간(삶은 것, 40 g) 65 μg	
• 달걀(60 g) 49 μg		• 시금치(70 g) 190 μg	
• 깻잎(70 g) 105 μg		• 쑥갓(70 g) 81 μg	
• 쥐눈이콩(20 g) 116 μg		• 서리태(20 g) 97 μg	
• 땅콩(10 g) 14 μg		• 딸기(150 g) 81 μg	

폴산 하루 권장 섭취량

(단위: μg DFE)

연령(세)	3~5	6~8	9~11	12~14	15 이상
남자	180	220	300	360	400
여자	180	220	300	360	400

*μg DFE: μg 식이 폴산 당량(Dietary Folate Equivalent)의 약자

건강 정보

폴산 섭취와 암 예방

폴산을 보충하면 사람의 자궁, 기관지, 대장 등에서 발견된 암의 전 단계 세포들이 암세포로 진행되지 않고 정상 세포로 전환되었다고 한다. 또 폴산은 자궁암, 폐암, 대장암, 식도암, 유방암, 췌장암 등을 예방한다는 보고가 있다. 그러나 폴산이 세포 분열에 필수적인 영양소이므로 암이 이미 진행된 상태에서 많은 양의 폴산을 보충하는 것은 위험할 수 있으므로 주의해야 한다.

비타민 B12

적혈구 형성에 필수적인 비타민

비타민 B12는 비타민 B군 중 가장 나중에 발견된 비타민으로 붉은색을 띠며, 중앙에 무기질인 코발트(Co)를 가지고 있어 '코발아민(cobalamin)'이라고도 한다. 비타민 B12는 폴산과 함께 적혈구 형성에 필수적인 비타민이다. 비타민 B12는 미생물에 의해서만 합성되고 먹이 사슬을 통해 동물의 근육이나 내장 등에 쌓이며, 식물에는 존재하지 않는다. 우리 몸에서 비타민 B12는 장내 세균에 의해 합성되고, 위에서 분비된 내적 인자 단백질과 소장에서 결합되어 체내에 흡수된다.

핵산 합성과 적혈구 형성에 필요하다

비타민 B12는 폴산과 함께 핵산 합성과 적혈구 형성에 필요한 영양소이므로 세포 분열에 작용한다. 비타민 B12나 폴산이 부족하면 DNA가 제대로 합성되지 않아 세포 분열이 원활하게 일어나지 않으며, 특히 골수에서 세포 분열이 원활하지 않아 거대적아구성 빈혈이 생긴다. 또 비타민 B12는 폴산과 함께 호모시스테인으로부터 필수 아미노산인 메싸이오닌을 합성하는 데 필요하다.

신경 조직의 대사를 돕는다

비타민 B12는 중추 신경계에 관여하여 신경 세포의 수초를 정상적으로 유지하고 신경 섬유 간의 연결을 유지시켜 신경 조직이 정상적으로 대사되도록 돕는다. 따라서 비타민 B12가 부족하면 신경 세포의 수초가 손실되어 신경과 근육이 마비되고, 심하면 사망한다.

또 비타민 B12는 지방산이 산화되어 에너지를 생성하는 데 필요하다.

◖ 섭취량이 부족하면 어떤 증상이 생길까?

비타민 B12 결핍의 전형적인 증상은 혈액학적 이상, 신경 장애 및 소화기 장애이다. 비타민 B12가 결핍되면 악성 빈혈이 발생한다. 악성 빈혈은 위 점막이 지속적으로 손상되어 위산과 내적 인자의 분비가 감소하면서 심각한 비타민 B12 결핍이 된다. 악성 빈혈이 되면 미성숙한 거대한 적혈구(거대적아구)나 비정상적인 모양의 적혈구가 많아져 기능을 제대로 못하게 된다. 악성 빈혈에서 '악성'은 '사망에 이를 수 있음'을 의미한다. 비타민 B12가 결핍되면 소화기 장애가 생기는데 식욕 부진, 소화 불량, 위염, 위궤양, 설사, 변비 등이 대표적인 증상이다. 비타민 B12 결핍에 의한 신경 장애는 척추관 경화, 감각 신경 이상으로 인한 사지 통증과 마비, 보행 장애, 인지 기능 저하와 기억력 감퇴, 설염, 시력 저하 등이다.

◗ 너무 많이 섭취하면 어떤 증상이 생길까?

일상적인 식사나 보충제로 비타민 B12를 많이 섭취해서 건강에 문제가 되는 일은 없다. 비타민 B12는 많이 섭취하면 흡수율이 감소하기 때문인 것 같다.

✚ 지식 플러스

악성 빈혈

악성 빈혈인 경우는 비타민 B12 섭취 부족에 의한 결핍이 아니므로 식품이나 보충제보다는 주사를 통한 보충이 더 효과적이다.

비타민 B₁₂는 어떻게 먹어야 할까?

비타민 B₁₂는 주로 동물성 식품에 들어 있어 식물성 식품만 섭취하면 결핍될 수 있다.

도움 요인

• 건강한 장내 세균은 비타민 B₁₂를 합성하는 데 도움이 된다.

방해 요인

• 채식주의자, 노인, 소화기 환자, 만성 알코올 중독자, 심한 다이어트를 하는 사람은 비타민 B₁₂가 부족할 수 있다.
• 위장 기능이 정상적이지 못해서 위산 분비나 내적 인자가 부족하면 흡수율이 2 % 정도로 떨어질 수 있다.

어떤 식품에 많이 들어 있을까?

비타민 B₁₂는 동물성 식품에만 들어 있다. 특히 간과 내장육에 풍부하고, 어패류, 우유·유제품, 달걀에도 많이 함유되어 있다.

비타민 B₁₂를 많이 함유한 식품 예(1회 분량)

• 돼지 간(삶은 것, 40 g) 7.47 μg	• 닭 간(삶은 것, 40 g) 6.74 μg
• 쇠고기(살코기, 60 g) 0.95 μg	• 바지락(80 g) 59.20 μg
• 굴(80 g) 22.70 μg	• 고등어(60 g) 6.61 μg
• 오징어(80 g) 3.50 μg	• 꽃게(80 g) 3.44 μg
• 달걀(60 g) 0.49 μg	• 우유(200 g) 0.68 μg

비타민 B₁₂ 하루 권장 섭취량

비타민 B_{12} 하루 권장 섭취량 (단위: μg)

연령(세)	3~5	6~8	9~11	12~14	15~18	19 이상
남자	1.1	1.3	1.7	2.3	2.7	2.4
여자	1.1	1.3	1.7	2.3	2.4	2.4

건강 정보

비타민 B₁₂와 인지 기능

비타민 B_{12}가 결핍되면 뇌가 수축되고 단백질이 손상되어 인지 기능이 낮아지고 치매와 같은 신경 정신적 증세가 나타난다는 보고가 있다. 최근에는 비타민 B_{12}의 영양 상태가 노인의 인지 기능 및 우울에 영향을 미친다는 연구 결과도 나오고 있다. 이러한 연구 결과에 따르면, 폴산과 비타민 B_6, 비타민 B_{12}의 섭취량과 혈중 농도가 인지 기능과 관련이 있어 이 비타민들의 혈중 농도가 낮을수록 인지 기능이 낮아졌으며, 혈중 비타민 B_{12} 농도가 낮은 사람은 정상인 경우에 비해 인지 기능 저하 속도가 더 빨랐다고 한다. 그러나 아직까지는 비타민 B_{12} 결핍이 신경 정신적 기능에 어떻게 영향을 미치는지 밝혀지지 않았다.

비타민 B₁₂ 흡수를 돕는 내적 인자 단백질

비타민 B_{12}는 소장에서 내적 인자 단백질과 결합하여 우리 몸에 흡수되며, 담즙을 통해 대변으로 배설되는데, 그중 50 % 정도는 대장에서 재흡수되어 이용된다. 따라서 내적 인자가 없거나 부족한 사람은 식품으로 섭취한 비타민 B_{12}를 소장에서 잘 흡수하지 못할 뿐 아니라 대장에서 재흡수하지도 못한다. 또 장내 세균에 의해 합성된 비타민 B_{12}도 재흡수하지 못하게 되어 비타민 B_{12}가 부족하게 된다.

판토텐산

스트레스 해소를 도와주는 비타민

　판토텐산은 그리스어의 '어디에나'라는 뜻의 '판토스(Pantos)'에서 유래된 이름으로, 비타민 B군에 속하는 수용성 비타민이다. 다른 비타민 B군과 마찬가지로 에너지 영양소들이 에너지를 만들 때 도와준다. 판토텐산은 이름이 의미하는 것처럼 동물성 식품과 식물성 식품 어디에나 들어 있으며, 우리 몸에서 장내 세균에 의해 합성된다. 따라서 판토텐산은 사람에게 임상적인 결핍증이 뚜렷하게 나타나지 않아 비교적 안전한 영양소이다.

에너지 생성, 지방산과 콜레스테롤 합성에 필요하다

　판토텐산은 코엔자임 A(Coenzyme A, Co A)의 구성 성분으로 체내 여러 대사에 관여한다. 판토텐산은 에너지 영양소의 대사 과정에 관여하는데, 에너지 영양소의 산화 과정에 작용하여 에너지 생성을 돕는다. 또 지방산과 콜레스테롤, 스테로이드 호르몬 등의 합성에 필요하며, 부신의 기능을 향상시켜 스트레스에 대항하는 코르티솔과 같은 부신 피질 호르몬의 분비를 촉진하여 스트레스로부터 우리 몸을 보호하여 '항스트레스 비타민'이라고도 한다. 판토텐산은 뇌의 콜린 성분이 신경 전달 물질인 아세틸콜린으로 전환되도록 도우며, 헤모글로빈의 구성 성분인 헴(heme) 합성에 관여한다.

섭취량이 부족하면 어떤 증상이 생길까?

판토텐산은 모든 식품에 들어 있고, 우리 몸에서 장내 세균에 의해 합성되기 때문에 섭취량이 부족하여 결핍증이 나타나는 경우는 거의 없다. 그러나 심한 영양 결핍이나 만성 알코올 중독인 경우 결핍될 수 있다. 결핍 증세로는 피로, 식욕 부진, 소화 불량, 무관심, 두통, 근육 경련, 저혈당 등이 있다. 이러한 증세는 판토텐산에 의한 결핍보다는 비타민 B_1, 비타민 B_2, 비타민 B_6, 폴산 등 비타민 B군이 함께 부족하여 나타난다.

너무 많이 섭취하면 어떤 증상이 생길까?

판토텐산을 많이 섭취하면 설사와 소화기 장애 등의 부작용이 약간 나타나기는 하나 그 밖의 심각한 증상은 없어 비교적 안전하다.

판토텐산은 어떻게 먹어야 할까?

판토텐산은 수용성이지만 습열에 안정하며, 건열과 산, 알칼리에 불안정하다.

도움 요인

- 구이보다는 삶기나 찌기 등의 습열 조리를 하여 먹는 것이 좋다.
- 건강한 장내 세균은 판토텐산을 합성하는 데 도움이 된다.

방해 요인

- 조리를 하거나 가공하는 과정에서 손실되며 흡수율도 줄어든다.

지식 플러스

코엔자임 A

아데노신, 판토텐산, 시스테아민인산을 함유하는 조효소의 일종. 조효소 A라고도 한다. 지방산의 아실기나 아세틸기는 코엔자임 A와 결합하여 대사된다.

어떤 식품에 많이 들어 있을까?

판토텐산은 육류, 달걀, 통곡류, 콩류, 버섯류에 많으며, 채소와 과일에는 적게 들어 있다.

판토텐산을 많이 함유한 식품 예(1회 분량)			
• 쇠고기(살코기, 60 g) 0.55 mg		• 돼지고기(살코기, 60 g) 0.51 mg	
• 달걀(60 g) 0.54 mg		• 현미(90 g) 0.38 mg	
• 수수(90 g) 0.19 mg		• 서리태(20 g) 0.21 mg	
• 쥐눈이콩(20 g) 0.17 mg		• 볶은 땅콩(10 g) 0.11 mg	

💧 판토텐산 하루 충분 섭취량

(단위: mg)

연령(세)	3~5	6~8	9~11	12 이상
남자	2	3	4	5
여자	2	3	4	5

건강 정보

여드름을 없애는 판토텐산

여드름은 정확한 원인을 알 수 없으나 여러 원인이 복합적으로 작용하여 생긴다. 사춘기에 남성 호르몬의 분비가 왕성해지면서 호르몬의 자극에 의해 피지선이 성숙함에 따라 피지 분비량이 많아지고, 모낭의 상피가 비정상적으로 각질화하여 이 피지가 밖으로 나가지 못하고 모낭 속에 고여 여드름이 된다. 판토텐산은 여드름의 이러한 증상을 완화시키는 효과가 있다. 판토텐산을 꾸준히 복용한 결과 피지 분비가 감소하고 모공 크기가 줄어들며, 여드름 발생률이 감소하였다. 따라서 최근에는 판토텐산이 여드름 치료제로 이용되고 있다.

바이오틴

피부와 모발 건강을 지키는 항피부염 비타민

바이오틴은 비타민 B군에 속하는 수용성 비타민으로, 다른 비타민 B군들과 마찬가지로 에너지 영양소가 우리 몸에서 분해하고 합성하는 데 필수적인 영양소이다. 바이오틴은 사람에게는 결핍증이 잘 나타나지 않으나, 만일 결핍되면 피부염이나 탈모가 생기므로 항피부염 인자라고도 하며, 독일어로 피부를 뜻하는 'Haut'의 머리글자를 붙여 비타민 H라고도 한다. 바이오틴은 우리 몸에서 장내 세균에 의해 합성된다.

에너지 대사와 DNA 합성에 관여한다

바이오틴은 조효소 형태로 탄수화물, 지질, 단백질 대사에 관여하여 포도당의 생합성, 지방산의 산화와 합성, 아미노산의 분해 과정에 작용한다. 바이오틴은 세포 성장과 발달에 관여하는 유전자들의 발현을 조절하며 DNA 합성에도 관여한다. 따라서 임신기 태아 발달을 위해 바이오틴은 필수적이다. 또 바이오틴은 인슐린 생성과 민감도에 영향을 주어 혈당 수치를 낮춤으로써 당뇨병 개선에 도움을 준다. 바이오틴은 다른 비타민 B군과 함께 신경계와 골수의 기능을 원활하게 하고, 사이토카인 대사에 영향을 미쳐 면역력을 강화시킨다.

피부, 손발톱, 모발의 건강을 유지한다

바이오틴은 피부와 손발톱, 머리카락의 구성 성분인 케라틴의 합성을 도와 케라틴의 구조를 단단하게 하여 피부와 손발톱, 머리카락을 건강하게 유지하며, 피부염, 주름, 탈모를 예방한다.

◐ 섭취량이 부족하면 어떤 증상이 생길까?

바이오틴은 다양한 식품에 들어 있고, 우리 몸에서 재사용되며, 장내 세균에 의해 합성되기 때문에 일상적인 식사에서 결핍증은 거의 나타나지 않는다. 그러나 날달걀을 자주 먹거나 바이오틴의 흡수가 잘 되지 않는 사람은 결핍증이 나타날 수 있다. 결핍 증상으로는 눈, 코, 입의 피부 발진, 피부염, 결막염, 설염, 탈모와 탈색, 무기력, 우울증, 시신경 위축, 청력 손실, 근육 통증, 사지 감각 이상, 환각, 발달 지체 등이 나타날 수 있다.

◐ 너무 많이 섭취하면 어떤 증상이 생길까?

일상적인 식사로는 바이오틴을 많이 섭취해서 건강에 문제가 되는 일은 거의 없다. 그러나 최근 고농도의 바이오틴 보충제를 섭취하여 심근경색 진단 시 중요한 생체 지표 인자인 트로포닌 측정 수치가 실제보다 훨씬 낮게 나타나 이로 인한 오진으로 환자가 사망하는 사건이 발생하였다. 특히 머리카락, 피부 및 손발톱의 건강을 위해 복용하는 바이오틴 보충제에는 1일 권장 섭취량의 600배 이상에 이르는 양이 들어 있어 더욱 문제가 될 수 있다고 한다.

바이오틴은 어떻게 먹어야 할까?

바이오틴은 열에 비교적 안정하므로 조리 중에 잘 파괴되지 않는다.

도움 요인

• 건강한 장내 세균은 바이오틴을 합성하는 데 도움이 된다.

방해 요인

• 날달걀 흰자에는 아비딘(avidin)이라는 물질이 들어 있어 바이오틴의 흡수를 방해
한다. 그러나 날달걀의 아비딘 함량은 적기 때문에 하루 몇 개 정도 먹는 것은 괜
찮으며, 달걀을 익혀 먹으면 아비딘이 불활성화하여 제 기능을 하지 못한다.
• 음주와 흡연은 장내 세균의 활동을 방해한다. 알코올 중독자와 흡연자는 체내 바이
오틴 생산이 잘 되지 않으므로 바이오틴을 더 많이 섭취해야 한다.

어떤 식품에 많이 들어 있을까?

바이오틴은 다양한 식품에 널리 함유되어 있으며, 특히 간, 닭고기, 달걀, 우
유·유제품, 콩류에 많다.

바이오틴을 많이 함유한 식품 예(1회 분량)			
• 달걀(60 g) 12.60 µg		• 닭고기(가슴살, 60 g) 2.29 µg	
• 우유(200 g) 4.50 µg		• 땅콩(10 g) 2.89 µg	
• 말린 해바라기씨(10 g) 2.69 µg		• 느타리버섯(30 g) 4.63 µg	
• 청경채(70 g) 29.70 µg		• 자색 양파(70 g) 20.90 µg	
• 케일(70 g) 15.40 µg		• 알팔파싹(70 g) 4.75 µg	

우리나라는 아직 바이오틴의 필요량을 추정할 수 있는 과학적 근거가 부족하여 권장 섭취량 대신 충분 섭취량이 설정되어 있다.

💧 바이오틴 하루 충분 섭취량

(단위: μg)

연령(세)	3~5	6~8	9~11	12~14	15 이상
남자	11	15	20	25	30
여자	11	15	20	25	30

건강 정보

바이오틴의 탈모 예방과 다이어트 효과

탈모의 원인은 매우 다양하나, 기본적으로 바이오틴이 부족하면 잘 나타난다. 바이오틴은 모발 건강에 필수적인 성분으로, 두피의 혈액 순환을 촉진하고 모낭 세포에 영양을 공급하는 역할을 하여 모발의 강도를 높이고 모발 생성에 필수적인 영양소이다. 바이오틴이 부족하면 모발이 얇아지거나 빠지는 등 탈모 증상이 악화된다. 반면에 바이오틴을 보충하면 모발 건강 유지에 도움이 된다. 하지만 이미 진행한 탈모를 해결할 수는 없으며, 바이오틴이 모발의 생성이나 성장을 직접적으로 촉진한다는 근거는 없다.

우리 몸에서 포도당이 에너지를 만들 때 필요한 효소의 기능을 돕는 보조 효소 중에 대표적인 것이 바이오틴이다. 바이오틴은 포도당과 지방산 대사의 주요 단계에서 탈탄산 효소의 구성 요소로 관여한다. 바이오틴이 부족하면 에너지 대사가 원활하지 않으며, 지방과 피로 물질이 혈액에 쌓이는데, 이는 비만, 만성 피로, 당뇨의 원인이 된다. 바이오틴은 음식으로 섭취한 탄수화물, 지질, 단백질의 분해를 도우므로 이 과정에서 비만 억제 효과를 기대할 수 있다. 그러나 바이오틴이 비만이나 당뇨에 긍정적인 영향을 미쳐 보조제로서 효과를 기대할 수는 있지만, 비만이나 당뇨 치료제는 아니다.

비타민 C

콜라젠 합성에 필수적인 성분

비타민 C는 사람을 비롯한 모든 생명체의 생명 유지에 필수적인 영양소이다. 비타민 C는 아스코르브산(ascorbic acid)이라고 부르며, 이것은 괴혈병(scurvy)을 예방하는 영양소로서 항괴혈병(anti-scurvy)이라는 뜻에서 유래되었다. 대부분의 동물과 달리 사람, 원숭이, 기니피그, 조류 등은 비타민 C를 체내에서 합성하지 못하므로 반드시 식품 등으로 섭취해야 한다.

콜라젠 합성을 돕고 항산화 작용을 한다

비타민 C는 콜라젠을 구성하는 아미노산의 수산화에 관여하여 단단하게 연결된 콜라젠이 합성되도록 돕는다. 항산화 영양소로서 비타민 C는 활성 산소 등을 제거하는 항산화 작용을 하여 노화를 방지하고 질병과 암을 예방한다. 비타민 C는 비타민 E, 베타카로틴, 다가 불포화 지방산의 산화를 막으며, 특히 산화된 비타민 E를 환원시켜 비타민 E가 다시 항산화 기능을 하도록 한다. 따라서 세포막의 산화를 막기 위해서는 비타민 E뿐만 아니라 비타민 C도 중요하다. 또 항스트레스성 비타민으로서 피로 회복과 몸속의 산화 스트레스를 해소하는 데 도움을 준다.

비타민 C는 백혈구가 산화되는 것을 예방하며, 면역 작용에서 발생한 활성 산소에 의한 산화적 손상을 막아 면역 기능을 높인다. 비타민 C는 소장에서 철과 칼슘의 용해를 촉진시켜 흡수가 잘되게 하며, 에피네프린, 노에피네프린 및 세로토닌 등의 신경 전달 물질의 합성과 대사에 필요하다. 또 비타민 C는 지방산 산화에 필수적인 물질을 합성하는 것을 도와주므로 비타민 C가 부족하면 혈중 중성 지방이 증가하며, 위암 발암 물질인 니트로사민 형성과 백내장 위험을 감소시킨다.

🌙 섭취량이 부족하면 어떤 증상이 생길까?

비타민 C가 결핍되면 콜라겐 합성이 잘되지 않아 결합 조직 형성에 결함이 생겨 신체 각 부위에 출혈이 생기며, 멍이 들고 상처 회복이 늦어진다. 증세가 심해지면 괴혈병에 걸린다. 결핍 초기에는 잇몸 염증과 출혈, 지혈이 늦어지고 결핍이 심해지면 피하 출혈이 심하며, 심장 근육 등의 근육 퇴화, 관절 부종, 뼈 재형성 억제, 골절, 빈혈과 우울증 등이 나타나고, 외상 시 쉽게 출혈되는 등 본격적인 괴혈병 증세가 나타난다. 괴혈병의 가벼운 결핍 증상은 비타민 C가 풍부한 채소와 과일을 먹으면 호전되지만 심한 결핍 증세를 보이는 경우에는 오랫동안 비타민 C를 복용해야 한다. 그 밖에도 비타민 C가 부족하면 심한 허약 증세가 나타나며, 면역력이 감소하여 감염성 질환에 걸리기 쉽고, 신경 전달 물질 합성에 결함이 생겨 심리적 장애가 나타날 수 있다.

⚪ 너무 많이 섭취하면 어떤 증상이 생길까?

일상적인 식사로는 비타민 C를 많이 섭취해서 건강에 문제가 되는 일은 없다. 그러나 보충제로 너무 많이 복용하면 구토, 설사, 복부 경련이 나타날 수 있으며, 비타민 C의 체내 대사 산물인 수산의 요(尿)중 농도가 높아져 신장 결석이 발생할 수 있다. 그러나 필요 이상으로 과잉 섭취된 비타민 C는 대사되지 않고 배설되기 때문에 다량의 수산 형성과 이에 따른 신장 결석 유발은 드문 경우이다.

➕ 지식 플러스

콜라겐
피부, 근육, 혈관, 골격, 치아 등 결합 조직의 주된 단백질로서 세포와 세포 사이를 연결하여 조직을 단단하게 한다.

비타민 C는 어떻게 먹어야 할까?

비타민 C는 수용성으로, 산에 안정하지만 알칼리, 빛, 열에 의해 산화되며, 특히 수용액 중에 쉽게 산화되고, 철이나 구리와 같은 금속과 접촉하면 산화가 촉진된다. 따라서 조리와 저장 중에 쉽게 손실된다.

도움 요인

- 비타민 C는 저장 과정에서 쉽게 손실되므로 가능한 오랜 시간 저장하지 않는다.
- 가열 조리하면 비타민 C가 파괴되기 쉬우므로 채소와 과일은 생으로 먹는 것이 좋으며, 가열 시 조리 시간을 짧게 한다.
- 비타민 C 보충제는 다른 성분이 포함되어 있지 않은 순수한 비타민 C를 식사와 함께, 또는 식사 후 바로 복용하는 것이 좋다. 비타민 C는 위 속에서 즉시 녹아야 음식물에 의한 발암 물질의 생성을 막을 수 있다.

방해 요인

- 담배를 피우면 세포를 손상시키는 활성 산소가 많이 생긴다. 비타민 C는 활성 산소를 제거하는 역할을 하므로 흡연자는 비흡연자보다 비타민 C를 약 2배 이상 더 섭취해야 한다. 담배를 피우지 않는 간접흡연자도 비타민 C를 50 % 정도 더 섭취해야 한다.

어떤 식품에 많이 들어 있을까?

비타민 C는 신선한 채소와 과일에 많이 들어 있다. 특히 녹색 채소, 감귤류, 딸기에 많고, 감자류에도 많이 들어 있다.

비타민 C를 많이 함유한 식품 예(1회 분량)			
• 딸기(150 g) 106.5 mg		• 키위(100 g) 86.5 mg	
• 귤(100 g) 44.0 mg		• 시금치(70 g) 35.3 mg	
• 상추(70 g) 31.5 mg		• 풋고추(70 g) 30.8 mg	
• 아욱(70 g) 28.8 mg		• 브로콜리(70 g) 20.4 mg	
• 양배추(70 g) 13.7 mg		• 감자(140 g) 14.7 mg	

💧 비타민 C 하루 권장 섭취량

(단위: mg)

연령(세)	3~5	6~8	9~11	12~14	15~18	19 이상
남자	40	55	70	90	105	100
여자	40	60	80	100	95	100

 건강 정보

비타민 C와 피부 건강

자외선을 오래 쬐면 얼굴에 주근깨와 기미가 생기는데, 이는 멜라닌 색소 때문이다. 멜라닌은 자외선을 흡수하여 피부를 지켜 주는 역할을 한다. 그러나 피부에 멜라닌 색소가 많으면 피부가 검어 보이고, 얼굴색이 칙칙해 보인다. 비타민 C는 멜라닌 색소가 많이 생기는 것을 억제하며, 자외선에 의해 생긴 검은색의 멜라닌을 무색의 환원형 멜라닌으로 변화시켜 눈에 잘 띄지 않게 하고, 피부 재생을 도와 기미나 주근깨를 완화시킨다. 비타민 C를 꾸준히 섭취하는 것은 자외선 차단제를 바르는 것 못지않게 피부 건강에 도움이 된다.

무기질

무기질(mineral)은 우리 몸의 약 4%를 차지하며, 탄소를 함유하지 않아 에너지를 생성하지 못하지만, 골격이나 치아 등 신체를 구성하고, 여러 생리 기능을 조절하며, 세포 안과 밖의 수분을 조절하는 등의 일을 한다. 무기질은 우리 몸에서 합성되지 않기 때문에 반드시 식품을 통해 섭취해야 한다.

우리 몸에서 발견되는 무기질은 약 25종이며, 그중 체내 기능이 알려진 무기질은 약 16종이다. 무기질은 체내 함유량과 하루 필요량에 따라 다량 무기질과 미량 무기질로 나눌 수 있다. 다량 무기질은 체중의 0.05% 이상 함유되어 있

거나 하루 필요량이 100 mg 이상인 무기질이며, 칼슘(Ca), 인(P), 나트륨(Na), 칼륨(K), 마그네슘(Mg), 황(S), 염소(Cl)가 있다. 미량 무기질은 체중의 0.05 % 미만 함유되어 있거나 하루 필요량이 100 mg 미만인 무기질이며, 철(Fe), 아연(Zn), 구리(Cu), 아이오딘(I), 셀레늄(Se), 망가니즈(Mn), 몰리브데넘(Mo), 플루오린(F), 크로뮴(Cr) 등이 있다. 무기질은 단일 원소 그 자체가 영양소이고, 식품에 단일 원소로 존재하므로 우리 몸에서 소화 과정을 거칠 필요가 없으며, 쉽게 흡수되기 위해서는 식품의 다른 성분과 분리하는 과정이 필요하다.

칼슘

우리 몸에 가장 많은 무기질

칼슘은 우리 몸에 가장 많은 무기질로 전체 무기질의 약 40 %를 차지한다. 칼슘은 골격과 치아의 형성과 발달에 필수적인 영양소로, 대부분(99 %) 골격과 치아에 들어 있으며, 나머지 1%는 혈액과 근육 등에 들어 있으면서 생리적으로 중요한 여러 기능을 조절한다. 따라서 혈액의 칼슘 농도를 일정하게 유지하는 것은 칼슘 대사에서 매우 중요하다. 칼슘의 흡수율은 함께 섭취하는 식품 성분 등 여러 요인에 따라 다르며, 골격 형성이 중요한 성장기나 임신기에는 높지만, 성인기에는 25 % 정도밖에 되지 않는다.

골격과 치아를 만들고 건강하게 유지한다

칼슘의 주된 기능은 골격과 치아를 만들고 건강하게 유지하는 것이다. 골격은 그물 모양의 단백질 망상 구조에 인산칼슘(인산석회)이 침착된 구조인데, 칼슘과 인은 인산칼슘의 주성분으로 골격을 형성할 때 필요하다. 또 칼슘은 골격이 분해되고 재형성되는 과정에서 골격을 단단하게 한다. 이때 정상적인 골격 대사와 골 질량 유지를 위해 가장 중요한 요인은 혈액의 칼슘 농도이다. 혈액의 칼슘 농도가 일정량 이상 되어야 칼슘이 골격 형성에 이용될 수 있다.

혈액 응고 등 생리 기능을 조절한다

혈액의 칼슘은 혈액 응고, 신경 자극 전달, 근육 수축과 이완 등 여러 생리 기능을 조절한다. 혈액에서 칼슘 이온은 출혈이 되면 불활성형의 프로트롬빈을 트롬빈으로 활성화시키는 데 관여하여 혈액 응고를 돕는다. 또 신경 세포로 칼슘 이온이 전달되면 신경 전달 물질이 나와 신경 자극이 전달된다. 신경 자극에 의해 근육이 흥분하면 근육 세포에서 칼슘이 나와 근육이 수축되고, 칼슘이 다시 세포로 되돌아가면 근육이 이완된다.

🥧 섭취량이 부족하면 어떤 증상이 생길까?

칼슘이 부족한 식사를 계속하면, 어린이는 구루병, 성인은 골다공증과 골연화증에 걸릴 수 있다. 어려서부터 칼슘 섭취가 부족하면 성장기의 최대 골밀도가 낮아져 성인이 되어 골다공증에 걸릴 위험이 높아진다. 따라서 칼슘을 충분히 섭취하여 20세 이전에 칼슘의 영양 상태를 양호하게 유지하는 것은 최대 골밀도 유지에 매우 중요하다.

골다공증은 폐경기 여성과 노인에게 더 잘 발생한다. 골다공증은 골절이 특징인데, 노인의 경우 고관절 골절, 폐경 후 여성의 경우 척추뼈 파열 골절이 잘 생긴다. 영·유아와 아동기에 칼슘이 부족하면 성장이 지연되고, 신경 기능이 떨어져 테타니(tetany)가 발생한다.

⚪ 너무 많이 섭취하면 어떤 증상이 생길까?

칼슘을 하루에 2000~2500 mg 정도 섭취하는 것은 건강에 문제가 되지 않는다. 그러나 그 이상을 섭취하면 변비가 생기거나, 신장 기능이 약한 사람은 신장 결석의 발병 위험이 커질 수 있다. 또 철이나 아연 등 다른 무기질의 흡수를 방해할 수 있다.

➕ 지식 플러스

골다공증 예방 방법
• 고단백 식사를 하지 않는다.
• 골격을 단단하게 하기 위해 규칙적으로 운동한다.
• 칼슘 함유 식품을 꾸준히 섭취하고 필요한 경우 보충제를 복용한다.
• 비타민 D 합성을 위해 햇볕을 쬐고, 비타민 D 함유 식품을 섭취한다.

칼슘은 어떻게 먹어야 할까?

칼슘은 식품으로 섭취하는 것이 가장 바람직하다. 그러나 젖당 불내증이 있는 경우에는 칼슘 보충제를 복용하여 칼슘을 섭취한다. 칼슘 보충제는 종류에 따라 함유량이 다른데, 탄산칼슘 함유량이 40 %로 가장 많다. 뼛가루나 조개류 껍데기를 원료로 만든 칼슘 보충제는 납 등 중금속이 오염되어 있을 가능성이 있으므로 신중히 선택해야 한다.

도움 요인

- 칼슘 보충제는 약 500 mg을 섭취할 때 장내 흡수율이 가장 좋다.
- 비타민 D는 칼슘 흡수를 위해 필요한 단백질 합성을 촉진하여 칼슘 흡수를 높인다.
- 비타민 C는 칼슘 용해를 촉진하여 흡수를 증가시킨다.
- 젖당과 같이 먹으면 칼슘 흡수가 잘 된다. 따라서 젖당을 함유한 우유의 칼슘 흡수율이 높다.
- 식사할 때 칼슘과 인의 비율이 1:1일 때 흡수가 가장 잘 된다.

방해 요인

- 통곡류와 콩류에 많은 피트산, 양배추와 시금치 등에 많은 옥살산, 식이 섬유는 칼슘과 결합하여 불용성 염을 형성하므로 흡수를 방해한다.
- 지나친 단백질 섭취는 칼슘을 소변으로 배출시킨다.
- 타닌과 카페인도 칼슘의 흡수를 방해하므로 식사 후 바로 커피를 마시면 칼슘을 비롯한 미량 영양소의 흡수가 잘 안 될 수 있다.
- 칼슘은 위장관이 산성 환경일 때 흡수가 잘 되므로 위산 분비가 안 되거나 운동 부족일 때도 칼슘 흡수가 잘 안 된다.
- 나트륨은 신장에서 칼슘 배설을 촉진한다.

어떤 식품에 많이 들어 있을까?

칼슘은 우유, 유제품, 뼈째 먹는 생선 등에 많이 들어 있으며 체내 흡수율도 좋다. 콩류, 채소류 등에도 칼슘이 들어 있다.

칼슘을 많이 함유한 식품 예(1회 분량)	
• 우유(200 g) 226 mg	• 요구르트(액상, 150 g) 200 mg
• 치즈(체다, 20 g) 125 mg	• 뱅어포(15 g) 147 mg
• 멸치(15 g) 93 mg	• 무청(70 g) 238 mg
• 깻잎(70 g) 207 mg	• 아욱(70 g) 187 mg
• 적상추(70 g) 100 mg	• 서리태(20 g) 40 mg

💧 칼슘 하루 권장 섭취량

(단위: mg)

연령(세)	3~5	6~8	9~11	12~14	15~18	19~49	50~64	65 이상
남자	600	700	800	1000	900	800	750	700
여자	600	700	800	900	800	700	800	800

인

칼슘 다음으로 우리 몸에 많은 무기질

인은 우리 몸에 칼슘 다음으로 많은 무기질이다. 인은 세포막과 세포벽을 구성하는 성분이며, 칼슘과 함께 골격과 치아를 튼튼하게 한다. 인은 자연계에서 흔하게 얻을 수 있는 무기질로, 거의 모든 식품에 들어 있다. 최근에 인은 식품첨가물에 많이 이용되고 있어 가공식품 섭취량이 증가함에 따라 인의 섭취량도 증가하고 있다.

골격과 치아 건강, 에너지 대사에 필요하다

인은 칼슘과 결합된 형태(인산칼슘)로 골격과 치아에 85 %가 들어 있다. 골격과 치아를 제외한 조직에 있는 인은 에너지 대사에 중요한 역할을 한다. 인은 고에너지 인산 결합 형태(ATP 등)로 에너지를 가지고 있다가 에너지가 필요할 때 사용한다. 또 에너지 대사와 관련한 효소들을 보조하는 여러 조효소의 구성 성분으로 에너지 생성과 저장을 돕는다.

인지질 등 신체 여러 물질의 구성 성분이다

인은 또 인지질의 형태로 세포막을 구성하며, 핵산 물질인 DNA와 RNA의 구성 성분이다. 또 인은 세포 안에서 산과 알칼리의 평형을 조절하는 완충제로 작용하여 수소 이온의 배출을 돕고 산도를 조절하여 체액의 pH를 일정하게 유지한다.

섭취량이 부족하면 어떤 증상이 생길까?

인은 거의 모든 식품에 골고루 들어 있어 부족한 경우는 없다. 그러나 오랫동안 투병 생활을 하는 만성 질환자, 채식주의자, 알코올 중독자, 식사량이 부족한 노인 등에게는 결핍될 수 있다. 인이 결핍되면 인을 함유하고 있는 생리 활성 물질들의 합성이 감소하여 근육, 골격, 신경, 혈액, 신장 기능에 영향을 줄 수 있다.

인의 결핍 증세로는 식욕 감퇴, 쇠약, 근육 무력증, 골격 통증, 빈혈, 골연화증, 구루병, 감각 이상, 대사성 산증 등이 있다.

너무 많이 섭취하면 어떤 증상이 생길까?

인을 너무 많이 섭취하면 혈중 인의 농도가 높아지는데, 이로 인해 칼슘 흡수를 방해하여 뼈에서 칼슘이 빠져나가며, 저칼슘혈증, 부갑상샘 호르몬의 분비 증가 등이 나타나 골 손실과 골다공증이 생기고, 연조직이 석회화된다. 또 철과 아연 등 무기질의 흡수를 방해할 수도 있다. 인을 적게 섭취하기 위해서는 가공식품, 특히 탄산음료의 섭취를 줄인다.

인은 어떻게 먹어야 할까?

칼슘이 체내에 흡수되어 골격과 치아를 형성하는 데 이용되기 위해서는 칼슘과 인의 비율이 중요하다. 식사에서 칼슘과 인의 비율이 1 : 1이 되도록 하며, 많아도 1 : 2를 넘지 않도록 하는 것이 좋다.

도움 요인

- 칼슘과 인의 비율이 1:1일 때 흡수가 가장 잘 되며, 골격 형성도 가장 효율적이다.
- 비타민 D는 칼슘뿐 아니라 인의 흡수를 돕는다.

방해 요인

- 칼슘과 인의 비율에서 인의 비율이 높아질수록 불용성 인산칼슘이 형성되어 칼슘의 흡수율이 낮아지며, 단단한 골격을 만들기 어렵다.

어떤 식품에 많이 들어 있을까?

인은 거의 모든 식품에 들어 있으며, 특히 단백질 함량이 높은 식품에 많이 들어 있다.

인을 많이 함유한 식품 예(1회 분량)			
• 쇠간(60 g) 137 mg		• 돼지고기(살코기, 60 g) 110 mg	
• 쇠고기(살코기, 60 g) 96 mg		• 꽁치(60 g) 145 mg	
• 고등어(60 g) 139 mg		• 달걀(60 g) 115 mg	
• 우유(200 g) 168 mg		• 요구르트(액상, 150 g) 138 mg	
• 현미(90 g) 209 mg		• 아몬드(10 g) 54 mg	

성장기는 세포와 조직의 양이 증가하는 시기이므로 인의 필요량이 증가한다.

🔵 인 하루 권장 섭취량

(단위: mg)

연령(세)	3~5	6~8	9~11	12~14	15~18	19 이상
남자	550	600	1200	1200	1200	700
여자	550	550	1200	1200	1200	700

➕ 지식 플러스

인이 구성 성분인 조효소

비타민 B_1 조효소, 니아신 조효소, 비타민 B_6 조효소가 있다.

핵산

유전이나 단백질 합성을 지배하는 중요한 물질. 성장이나 생명 활동 유지에 중요한 작용을 하며, RNA와 DNA로 나눌 수 있다.

인을 포함한 식품첨가물

　최근에는 음료뿐 아니라 스낵, 가공 육류, 냉동식품, 과자류, 기타 즉석식품 등의 가공식품에 인을 포함한 식품첨가물을 많이 사용한다. 따라서 가공식품을 많이 섭취하면 인 섭취량이 증가하여 뼈 건강이 나빠지는데, 특히 청소년들의 탄산음료 섭취가 증가하면서 이를 통한 인 섭취량이 늘고 있다. 탄산음료에는 탄산 가스뿐 아니라 인산이나 카페인도 들어 있다. 인산은 음료의 쓴맛이나 신맛을 제거하기 위해 첨가된다. 인산을 너무 많이 먹으면 칼슘 흡수가 잘되지 않고, 골격에서 칼슘이 빠져나와 골격이 약해지며, 산성이기 때문에 치아를 부식시켜 충치가 생긴다. 또 카페인도 칼슘 흡수를 방해한다. 탄산음료 대신 칼슘이 풍부한 우유를 마셔서 튼튼한 뼈와 치아를 만들도록 해야 한다.

나트륨

소금의 성분

나트륨은 음식을 만들 때 간을 맞추기 위해 사용하는 소금(NaCl)의 성분으로, 우리 몸에서 삼투압 유지와 수분 평형에 관여하는 생명에 필수적인 영양소이다. 모든 식품은 나트륨을 함유하고 있으며, 최근에는 가공식품에 소금과 식품첨가물 형태로 많은 양의 나트륨이 들어 있다. 따라서 나트륨은 다른 무기질과 달리 과다 섭취가 염려되는 영양소이다.

몸의 수분 평형 및 삼투압 유지에 필요하다

나트륨은 세포 외액의 대표적인 양이온으로 세포 내액의 중요 양이온인 칼륨과 함께 삼투압을 유지하고, 수분 평형을 조절한다. 나트륨과 칼륨은 세포 외액에서는 28:1, 세포 내액에서는 1:10의 비율을 유지할 때 세포 안과 밖의 삼투압 농도가 정상적으로 유지되며 수분 평형이 이루어진다. 따라서 나트륨이 너무 많거나 적으면 세포 안과 밖의 수분량이 달라져 위험해지며, 혈액의 나트륨 수준이 변화하면 혈압에까지 영향을 미친다.

신경 자극 전달과 근육 수축에 관여한다

우리 몸에서 자극 정보는 신경 세포에서 전기 신호에 따라 신경 조직에 전달되는데, 이 신호는 세포 안과 밖의 나트륨과 칼륨 이온의 이동에 따라 발생한다. 나트륨은 이 과정에 관여하여 신경 자극을 전달한다. 나트륨은 또한 근육 수축에도 관여하는데, 세포 밖의 나트륨이 근육 수축의 자극 정보에 따라 세포 안으로 이동하면 근육이 긴장하고 수축하게 된다. 나트륨은 양이온으로 산 알칼리 평형에 관여하여 세포 외액이 정상적인 pH를 유지하도록 도우며, 포도당과 아미노산 흡수에도 필요하다.

◕ 섭취량이 부족하면 어떤 증상이 생길까?

나트륨이 부족하면 구토와 어지럼증이 생기며, 혈압이 떨어지고, 피부와 근육의 혈관이 수축되어 전신의 혈관 저항성이 증가하며, 근육 경련이 일어나고, 지속되면 쇼크와 혼수상태에 빠질 수 있다. 그러나 나트륨 농도가 감소하면 신장에서 재빨리 재흡수가 증가하므로 이런 상황에까지 이르기는 어렵다.

◖ 너무 많이 섭취하면 어떤 증상이 생길까?

나트륨을 단기적으로 과잉 섭취하면 세포 외액이 증가하여 메스꺼움, 근육 무력, 졸음증과 혼수상태에 이를 수 있다. 또 나트륨을 장기간 과잉 섭취하면 부종과 고혈압이 생기고, 뇌졸중, 심부전 등의 심장 질환, 사구체 손상과 신장 기능 저하 등의 신장 질환 발병 위험이 높아지며, 위궤양과 위암 발병률이 증가한다. 나트륨은 신장에서 칼슘 배설을 촉진하므로 나트륨을 과다 섭취하면 골다공증 발생 가능성도 커진다.

✚ 지식 플러스

나트륨 이름의 유래

나트륨의 영어 이름 'Sodium'은 아랍어의 소다를 뜻하는 'Soda'에서 유래한다.

수분 평형

수분 섭취량과 수분 배설량이 균형을 이루어 체내 수분량이 일정하게 유지되는 것이다. 수분 평형이 이루어지지 않으면 탈수와 부종이 생기고, 심하면 생명을 잃을 수도 있다.

나트륨 섭취와 고혈압

나트륨을 과다 섭취한 모든 사람이 고혈압이 생기는 것은 아니며, 유전적으로 나트륨에 예민한 사람에게서 고혈압 발병률이 높다.

나트륨은 어떻게 먹어야 할까?

나트륨은 사람들이 많은 양을 먹고 있기 때문에 보통의 일상생활에서 더 이상 보충할 필요는 없다. 오히려 나트륨 섭취를 되도록 줄여야 한다.

도움 요인

- 칼륨과 나트륨의 비율을 1:1로 섭취하는 것이 지나친 나트륨 섭취로 인한 건강 문제를 줄일 수 있다.
- 나트륨 섭취를 줄이기 위해서는 음식을 싱겁게 먹고, 가공식품을 적게 먹어야 한다. 가공식품에는 소금뿐 아니라 나트륨을 함유한 다양한 식품첨가물, 즉 향미증진제, 감미료, 발색제, 팽창제, 보존료, 산화방지제 등이 사용되고 있다.

방해 요인

- 오랫동안 설사를 하거나 이뇨제를 사용하면 수분과 함께 나트륨도 많이 배출되어 혈중 나트륨 농도가 낮아질 수 있다.

어떤 식품에 많이 들어 있을까?

나트륨은 모든 식품에 들어 있는데, 식물성 식품보다 동물성 식품에 더 많이 들어 있다. 또 가공식품에 소금과 식품첨가물의 형태로 들어 있다.

나트륨을 많이 함유한 식품 예(1회 분량)			
• 햄(30 g) 324 mg		• 소시지(30 g) 197 mg	
• 베이컨(30 g) 196 mg		• 봉지 라면(120 g) 1800 mg	
• 컵라면(110 g) 1500 mg		• 오이지(40 g) 659 mg	
• 단무지(40 g) 255 mg		• 오징어젓(40 g) 1563 mg	
• 명란젓(40 g) 1412 mg		• 장류(간장, 된장, 고추장)	

우리 몸은 나트륨의 다양한 섭취량에 대해 비교적 넓게 반응하므로 나트륨의 하루 권장 섭취량은 정해져 있지 않지만, 신체 기능을 정상적으로 유지하기 위해 나트륨의 충분 섭취량을 남녀 모두 3~5세는 1000 mg, 6~8세는 1200 mg, 9~11세는 1400 mg, 12~74세는 1500 mg으로 정하였다. 다른 영양소와 달리 과다 섭취에 따른 건강상의 위험을 줄이기 위해 9세 이상 연령의 경우 나트륨의 목표 섭취량을 2000 mg으로 설정하였다.

 더 알아보기

나트륨 섭취 자가 진단표

문항	예	아니요
1. 생채소보다 김치를 좋아한다.		
2. 별미나 덮밥을 좋아한다.		
3. 양식보다 중식, 일식을 좋아한다.		
4. 말린 생선이나 고등어 자반 등을 좋아한다.		
5. 명란젓 같은 젓갈류가 식탁에 없으면 섭섭하다.		
6. 음식이 싱거우면 소금이나 간장을 더 넣는다.		
7. 국, 찌개, 국수 등의 국물을 남김없이 먹는다.		
8. 튀김, 전, 생선회 등에 간장을 듬뿍 찍어 먹는다.		
9. 외식을 하거나 배달시켜 먹는 일이 잦다.		
10. 조리할 때 마요네즈나 드레싱을 잘 사용한다.		
11. 라면 국물을 다 먹는다.		
12. 젓갈, 장아찌를 잘 먹는다.		

※평가: '예'에 해당하는 사항이 5개 이상이면 나트륨 섭취량이 위험 수준이므로 식습관을 개선하는 것이 좋다.
〈자료: 식품의약품안전처, 우리 몸이 원하는 삼삼한 밥상.〉

칼륨

세포 안의 대표적인 양이온

칼륨(kalium)이라는 이름은 아랍어로 '재'를 뜻하는 kalijan 또는 '가벼운'이라는 뜻의 kal에서 유래되었다. 칼륨은 약 98%가 세포 안에 있는 대표적인 양이온으로, 특히 신경과 근육 세포에 많이 들어 있다. 칼륨은 나트륨과 함께 혈압 조절과 수분 균형을 위해 매우 중요한 영양소이다.

나트륨과 함께 혈압을 조절하고 수분 평형을 유지한다

칼륨은 모든 세포의 필수 성분으로 세포 성장에 필수적이다. 칼륨은 세포 내액의 대표적인 양이온으로 나트륨과 함께 삼투압을 정상으로 조절하여 세포 안과 밖의 수분 평형을 유지한다. 나트륨은 혈압을 높이는 데 반해 칼륨은 혈압을 낮춘다. 따라서 칼륨 섭취는 고혈압의 예방과 치료에 효과적이다. 또 칼륨은 산과 알칼리 조절 인자로 작용하여 산 알칼리 평형을 유지한다.

신경 전달과 근육 이완에 관여한다

칼륨은 또한 나트륨과 함께 전기 화학적 에너지를 만들어 신경 전달과 근육 이완에 관여한다. 특히 심장 근육 활동에 중요한 역할을 하는데, 혈관벽의 긴장을 풀어 혈관을 확장하는 작용을 하여 심장 박동을 정상으로 유지해 준다. 그러나 칼륨의 근육 이완 작용 때문에 칼륨 농도가 너무 높으면 심장 근육이 지나치게 이완되어 심장 마비가 생기며, 칼륨 평형이 깨지면 부정맥이 생긴다. 정상적인 신장 기능을 위해서도 칼륨이 필요한데, 칼륨은 몸속의 노폐물 처리를 도우며 소변으로 나트륨 배설을 증가시킨다. 칼륨은 또한 근육 단백질과 세포 단백질에 질소를 저장하며, 글리코겐을 합성하고 저장하는 데에도 필요하다.

● 섭취량이 부족하면 어떤 증상이 생길까?

칼륨 결핍증으로는 식욕 부진, 메스꺼움, 불안, 무력감, 근육 경련, 변비가 나타나고, 소변으로 칼슘 배출이 증가하며, 신장 결석과 심장 질환, 뇌졸중의 발병 위험이 높아진다. 결핍이 심해지면 심장의 부정맥, 근육 약화, 당 불내성 등의 증세가 나타나며 사망에 이를 수도 있다.

● 너무 많이 섭취하면 어떤 증상이 생길까?

신장 기능이 정상인 사람은 일상적인 식사로 칼륨을 많이 섭취해서 건강에 문제가 되는 일은 없다. 그러나 신장 기능이 약한 경우 칼륨을 너무 많이 섭취하면 위궤양 등 위장 장애와 심장의 부정맥을 일으킬 수 있다. 따라서 신장 기능이 약한 사람은 칼륨을 너무 많이 섭취하지 않도록 주의해야 한다. 장관이나 혈관을 통해 칼륨을 직접 주입할 경우 급성 칼륨 중독으로 심장 마비에 이를 수도 있다.

✚ 지식 플러스

칼륨과 혈압 조절

혈압 조절에는 나트륨 함량보다 나트륨과 칼륨의 비율이 더 중요하다. 칼륨과 나트륨의 비율을 1:1로 섭취하는 것이 지나친 나트륨 섭취로 인한 건강 문제를 줄일 수 있다. 또 칼륨은 신장에서 나트륨이 재흡수되는 것을 억제하여 소변으로 나트륨 배설을 촉진시킴으로써 혈압을 낮추어 고혈압을 예방한다.

당 불내성

당뇨병 전 단계로서 인슐린 저항성이 나타나며, 혈당이 높아지는 현상이다.

칼륨은 어떻게 먹어야 할까?

칼륨은 나트륨 배출을 도와 혈압 조절에 도움을 주지만, 너무 많이 섭취하면 오히려 독이 될 수 있으므로 적정량을 섭취하도록 한다.

도움 요인

- 칼륨은 식품의 가공 과정에서 감소하므로 칼륨을 섭취하는 가장 좋은 방법은 가공 식품보다 자연식품을 먹는 것이다.
- 칼륨과 나트륨의 비율을 1 : 1로 섭취하는 것은 혈압 조절에 도움이 된다.

방해 요인

- 심각한 영양실조, 지속적인 구토와 설사, 알코올 중독, 이뇨제 복용 등으로 칼륨 섭취가 부족해질 수 있다.

어떤 식품에 많이 들어 있을까?

칼륨은 모든 식품에 골고루 들어 있으며, 특히 채소와 과일, 가공하지 않은 곡류에 많이 들어 있다.

칼륨을 많이 함유한 식품 예(1회 분량)			
• 시금치(70 g) 553 mg		• 케일(70 g) 416 mg	
• 아욱(70 g) 298 mg		• 무청(70 g) 272 mg	
• 바나나(100 g) 346 mg		• 딸기(150 g) 251 mg	
• 수수(90 g) 322 mg		• 보리(90 g) 254 mg	
• 감자(140 g) 577 mg		• 닭고기(60 g) 196 mg	

우리나라는 아직 칼륨의 필요량을 추정할 수 있는 과학적 근거가 부족하여 권장 섭취량 대신 충분 섭취량이 설정되어 있다.

칼륨 하루 충분 섭취량

(단위: mg)

연령(세)	3~5	6~8	9~11	12 이상
남자	2300	2600	3000	3500
여자	2300	2600	3000	3500

건강 정보

신장 질환자의 칼륨 섭취

바나나, 수박, 배 등의 과일과 시금치, 쑥갓 등의 녹색 채소는 칼륨이 풍부하여 고혈압 예방 등 건강에 이롭지만, 칼륨 배설 장애가 있는 만성 신장 질환자에게는 독이 될 수 있다. 신장은 혈액 속 노폐물을 소변으로 배출하고 수분을 유지하는 여과 작용을 한다. 신장 기능이 떨어지면 소변을 통해 배출되는 칼륨 양이 줄어들기 때문에 과일이나 채소를 너무 많이 먹으면 혈액의 칼륨 농도가 비정상적으로 높아질 수 있다. 이러한 고칼륨혈증이 되면 위장 장애와 부정맥 등 심장 장애가 생길 수 있다. 따라서 만성 신장 질환자는 생과일보다 통조림 과일을 먹고, 채소는 데치거나 삶아서 먹는 것이 좋다. 채소는 잘게 썰어 재료의 10배 정도의 따뜻한 물에 2시간 이상 담가 놓았다가 몇 번 헹구면 칼륨의 30~50%를 줄일 수 있다. 음료 중 현미 녹차와 코코아는 칼륨이 많이 함유되어 있으므로 피하는 것이 좋다.

마그네슘

골격과 치아, 엽록소의 구성 성분

    마그네슘은 골격과 치아를 구성하는 영양소로, 50~60 %가 골격과 치아에 들어 있다. 마그네슘은 식물의 엽록소 구성 성분이므로 녹색 채소에 많이 들어 있다. 마그네슘이란 이름은 마그네슘 광석이 나는 그리스의 마그네시아 (Magnesia) 지역명에서 유래하였다.

골격을 단단하게 하고 에너지 대사를 돕는다

    마그네슘은 칼슘 및 인과 함께 복합체 형태로 골격과 치아를 구성하며, 골격을 단단하게 유지한다. 또 에너지 생성, 지방과 단백질 합성, 핵산 합성, 근육 수축 등 우리 몸의 다양한 생화학적 또는 생리적 반응에 필요한 약 300여 종의 효소를 활성화시키거나 도와주는 조효소로 작용한다. 따라서 마그네슘이 부족하면 이러한 신체 기능이 잘 이루어지지 않는다.

근육 이완과 신경 안정의 작용을 한다

    마그네슘은 세포막의 일부로서 인지질과 관련하여 세포막 안정을 도우며, 신경과 근육 세포막의 전기 화학적 에너지를 유지시키고, 칼슘, 나트륨, 칼륨과 함께 신경 세포의 자극 전달에도 필수적이다. 또 마그네슘은 근육의 수축 이완 작용을 하는 양이온의 하나로서 칼슘과 달리 신경 전달 물질인 아세틸콜린의 분비를 감소시키고 분해를 촉진하여 신경 안정과 근육을 이완시키는 작용을 한다. 따라서 마그네슘을 '천연 진정제'라고 하며, 마취제나 항경련성 성분으로 이용되기도 한다. 마그네슘은 심장 근육 세포의 칼륨을 세포 밖으로 운반하는 것을 조절하므로 마그네슘을 적절히 섭취하면 동맥을 이완시키고 부정맥을 방지하여 혈압을 낮춤으로써 심혈관계 질환 발병을 감소시킨다.

🌓 섭취량이 부족하면 어떤 증상이 생길까?

마그네슘이 부족하면 초기에는 결핍 증세로 피로, 눈가 떨림, 안면 근육 경련, 근육통과 근육 경련이 일어난다. 또 혈중 칼슘 농도가 낮아 저칼슘혈증이 생기는데, 이로 인한 증세가 마그네슘 결핍 증세로 나타난다. 오랫동안 마그네슘이 결핍되면 고혈압, 심혈관계 질환, 골다공증 등 만성 질환의 발병 위험이 높아지며, 인슐린 분비가 잘 되지 않고 인슐린 저항성이 생겨 당뇨병에 걸릴 수도 있다. 마그네슘은 골격에 중요한 역할을 하므로 폐경 후 여성에게 마그네슘이 결핍되면 골다공증이 생길 수 있다.

🌑 너무 많이 섭취하면 어떤 증상이 생길까?

일상적인 식사로는 마그네슘을 많이 섭취해서 건강에 문제가 되는 일은 없다. 그러나 보충제 등으로 너무 많이 섭취할 경우 설사와 구토 등의 위장관 증세가 나타날 수 있다. 치료 목적으로 마그네슘을 과잉 섭취하면 고마그네슘혈증이 되어 혈압 강하, 구토, 메스꺼움, 홍조, 근육 위축, 언어 장애, 호흡 감소, 정신 상태 변화 등이 발생할 수 있다. 신장 기능이 손상된 경우에도 고마그네슘혈증이 생길 수 있다.

➕ 지식 플러스

근육의 수축과 이완 작용을 하는 무기질
칼슘, 나트륨, 칼륨, 마그네슘이 있다.

골다공증
골격 대사 이상과 칼슘 대사 불균형으로 골 질량의 1/30이 감소하는 증후군으로 골절 위험이 높아진다.

마그네슘은 어떻게 먹어야 할까?

식품 속의 마그네슘은 가공하거나 조리할 때, 곡류 껍질을 깎을 때 절반 이상이 손실된다.

도움 요인

• 마그네슘 함유 식품은 되도록 생으로 먹는 것이 좋다.

방해 요인

• 인이 많이 함유된 가공식품은 마그네슘 흡수를 방해한다.
• 곡류 껍질의 피트산, 과다한 식이 섬유 섭취는 마그네슘 흡수를 방해한다.
• 칼슘의 과다 섭취는 마그네슘의 흡수를 방해할 뿐 아니라 배설도 증가시킨다.
• 이뇨제를 복용하거나 오랫동안 설사, 구토를 하는 경우, 장 질환자, 신장 질환자, 알코올 중독자, 노인의 경우 마그네슘이 부족할 수 있다.

어떤 식품에 많이 들어 있을까?

마그네슘은 식물성 식품에 많이 들어 있으며, 특히 녹색 채소에 많다. 우유나 육류 등 동물성 식품에는 적게 들어 있다.

마그네슘을 많이 함유한 식품 예(1회 분량)			
• 비름(70 g) 109 mg		• 깻잎(70 g) 106 mg	
• 시금치(70 g) 59 mg		• 미역(30 g) 38 mg	
• 메밀(90 g) 220 mg		• 현미(90 g) 98 mg	
• 노란콩(20 g) 51 mg		• 서리태(20 g) 45 mg	
• 두부(80 g) 64 mg		• 바나나(100 g) 28 mg	

 마그네슘 하루 권장 섭취량

(단위: mg)

연령(세)	3~5	6~8	9~11	12~14	15~18	19~29	30 이상
남자	100	160	230	320	400	350	370
여자	100	150	210	290	340	280	280

건강 정보

눈가 떨림, 마그네슘 부족 증상?

눈가나 안면 근육 떨림의 원인으로는 가장 먼저 마그네슘의 섭취 부족을 들 수 있다. 마그네슘은 신경과 근육이 정상적으로 기능하는 데 필수적인 영양소이다. 만약 마그네슘이 부족하면 신체 여러 부위에서 근육 수축과 근육 경련 증세가 나타나는데, 눈가 떨림과 안면 근육 떨림 역시 이러한 근육 경련의 증세이다. 이때 마그네슘을 공급하면 증세가 호전되는 경우가 많다. 마그네슘이 부족할 때 눈가 떨림이 나타나는 것은 혈액의 칼슘 농도와 관련이 있다. 마그네슘이 부족하면 저칼슘혈증(혈액의 칼슘 농도 감소)이 초래되는데, 저칼슘혈증이 되면 근육 수축과 경련(테타니)이 일어난다. 이는 마그네슘이 부족하면 부갑상샘 호르몬 분비가 감소하여 혈중 칼슘 농도가 줄어들었기 때문이다. 그러나 눈가 떨림이 몇 개월 동안 계속된다면 다른 원인이 있을 수 있으므로 전문의의 치료를 받는 것이 좋다.

철

헤모글로빈의 구성 성분

철은 지구상에 가장 풍부하게 있는 금속이지만, 사람에게는 아주 소량 존재하는 미량 무기질로 부족하기 쉬운 영양소 중의 하나이다. 철은 에너지 대사를 위해 각 세포에 산소를 운반하는 적혈구의 헤모글로빈 구성 성분이다.

철은 동물성 식품과 식물성 식품에 모두 들어 있지만, 동물성 식품에 있는 철이 흡수가 더 잘 되므로, 채식만 하는 사람은 부족하기 쉽다. 우리 몸에 철은 매우 잘 보존되므로 월경 등의 출혈이 없고 임신하지 않으면 하루 철 손실량은 매우 적다.

체내 산소 운반과 저장, 에너지 대사를 돕는다

철은 적혈구의 헤모글로빈과 근육 세포의 미오글로빈을 구성하는 성분이다. 헤모글로빈은 폐에서 조직의 각 세포로 산소를 운반하고, 세포에서 대사 후 생긴 이산화탄소를 폐로 운반하는 일을 한다. 미오글로빈은 근육 세포에 산소를 일시적으로 저장하였다가 에너지 영양소들이 산화될 때 산소를 제공하여 에너지를 만들어 내게 한다. 또 철은 전자 전달계에 관여하는 효소의 구성 성분으로 에너지 생성을 돕는다.

신경 전달 물질 합성, 해독 작용을 돕는다

철은 조효소 역할을 하여 노에피네프린, 도파민, 세로토닌과 같은 신경 전달 물질의 합성, 세포에서 일어나는 여러 대사 작용을 돕는다. 철은 해독 효소의 구성 성분으로 간에서 약물 해독과 발암 물질 배설에 필요하며, 산화·환원 반응에서 활성 산소를 제거하고, 질병에 대한 면역 기능을 향상시킨다.

◔ 섭취량이 부족하면 어떤 증상이 생길까?

철 결핍은 전 세계적으로 흔한 증상이다. 미숙아와 생후 6개월~2세의 영·유아는 급격한 성장, 낮은 육류 섭취, 철이 부족한 우유의 섭취 등으로 인해 철이 결핍될 가능성이 더 높다. 성장기 청소년, 가임기 여성, 궤양이나 치질, 대장암 등 내출혈이 있는 경우에도 철 결핍 위험이 크다. 철이 결핍되면 빈혈이 나타나기 전에 먼저 학습 능력 등의 지적 수행 능력, 주의 집중력, 신체 작업 능률이 저하되고, 면역력과 감염에 대한 저항력이 감소한다. 철 결핍이 지속되어 철이 더 심하게 결핍되면 철 결핍성 빈혈이 생기며, 창백, 피로, 식욕 부진, 무관심 등의 증상이 나타난다.

◑ 너무 많이 섭취하면 어떤 증상이 생길까?

일상적인 식사로 철을 너무 많이 섭취하는 일은 거의 없다. 그러나 철 보충제를 과잉 복용하거나 수혈을 자주 하거나, 혈색소증이 있는 경우 철 과잉증이 생길 수 있다. 철 과잉증의 급성 증상은 구토, 메스꺼움, 설사, 변비 등의 소화기계 장애와 심혈관계, 신경계, 신장, 간 등에도 부작용이 나타난다. 혈중 철 농도가 높아지면 세균 성장이 활성화되어 감염 위험도 증가한다.

✚ 지식 플러스

타닌

차, 감, 포도주의 떫은맛을 내는 성분으로 폴리페놀 구조이다. 무기질과 결합하는 성질을 가지고 있어 체내 무기질 흡수와 이용을 방해한다.

혈색소증

유전적 원인으로 철 대사에 문제가 생겨 음식으로 섭취한 철이 너무 많이 흡수되는 선천성 질환이다.

철은 어떻게 먹어야 할까?

식품에 들어 있는 철은 헴철(heme iron)과 비헴철(nonheme iron)로 나눌 수 있다. 헴철은 헤모글로빈이나 미오글로빈에 결합되어 있는 철을 말하며, 육류와 생선류의 철 중 일부가 이에 속한다. 비헴철은 식품 속에서 다른 물질과 결합되지 않은 유리된 상태로 있는 철이다. 육류에 들어 있는 철 중 헴철을 제외한 철, 달걀과 우유의 철, 식물성 식품의 철이 비헴철에 해당된다. 헴철의 흡수율은 약 40 %인 데 반해 비헴철은 흡수율이 10 % 정도로 매우 낮다.

도움 요인

- 동물성 단백질은 식물성 식품에 있는 철의 흡수를 돕는다. 따라서 채소와 과일을 육류와 함께 먹으면 철의 흡수가 높아진다.
- 비타민 C는 달걀과 우유, 식물성 식품에 함유된 철의 흡수를 도와주므로 철 보충제를 섭취할 때 오렌지주스를 함께 마시면 철의 흡수를 높일 수 있다.
- 비타민 A는 철이 효율적으로 대사되도록 돕는다.

방해 요인

- 다음 성분은 철의 흡수를 방해할 수 있다.
- 주로 탄산음료에 많은 인산
- 과일과 채소, 적포도주 등에 많은 폴리페놀
- 차, 커피 등에 함유된 타닌
- 양배추와 시금치 등에 많은 옥살산, 통곡류와 콩류에 많은 피트산
- 칼슘이나 아연 보충제를 많이 복용하면 철의 흡수율이 낮아질 수 있다.

어떤 식품에 많이 들어 있을까?

육류와 어패류는 헴철을 가지고 있어 철의 가장 좋은 급원이다. 달걀노른자에도 철이 많이 들어 있다. 무청이나 시금치 등의 녹색 채소와 콩에도 철이 많이 들어 있지만 비헴철의 형태로 흡수율이 낮은 편이다.

철을 많이 함유한 식품 예(1회 분량)		
• 소 선지(60 g) 14.2 mg	• 돼지 간(60 g) 10.9 mg	
• 쇠고기(살코기, 60 g) 1.3 mg	• 바지락(80 g) 10.6 mg	
• 굴(80 g) 3.0 mg	• 달걀(60 g) 1.1 mg	
• 냉이(70 g) 9.3 mg	• 무청(70 g) 8.0 mg	
• 시금치(70 g) 1.9 mg	• 서리태(20 g) 1.2 mg	

성장기 청소년과 가임기 여성이 생애 주기 중 철 필요량이 가장 많다.

 **철 하루 권장 섭취량**

(단위: mg)

연령(세)	3~5	6~8	9~11	12~14	15~18	19~49	50~64	65~74
남자	6	9	10	14	14	10	10	9
여자	6	8	10	16	14	14	8	8

건강 정보

이유식으로 철을 보충해야 하는 이유

모유나 분유에는 철 함량이 매우 낮다. 다행히 신생아는 태어나서 3~4개월 동안 필요한 만큼의 철이 간에 저장되어 있다. 그러나 생후 4~5개월이 지나면 간에 저장된 철이 모두 소모되므로 철을 보충할 수 있는 식품을 주어야 한다. 이때 이유식으로 삶은 달걀노른자를 먹이면 좋다.

아연

신체 성장 발달의 필수 영양소

아연은 신체 성장과 발달에 없어서는 안 되는 미량 무기질로, 약 90 %가 근육과 골격에 들어 있다. 아연은 우리 몸의 약 200종이나 되는 효소와 조효소의 구성 성분으로 여러 대사 과정과 반응을 조절하는 데 관여한다.

에너지·단백질 대사, 핵산 합성에 관여한다

아연은 에너지 대사, 단백질 대사, 핵산 합성에 관여한다. 특히 아연은 DNA와 RNA 합성, 유전자 발현, 세포 분열과 증식, 세포막의 구조와 기능에 관여함으로써 성장 발달, 골격 형성 및 발달을 조절한다. 또한 아연은 세포 생성과 단백질 합성에 관여하고 신진대사를 원활하게 하여 건강한 피부, 손톱, 모발을 만들고 유지하는 역할을 한다.

혈당 조절, 면역 기능 등에 관여한다

아연은 인슐린의 분비를 원활하게 하고 활동을 촉진하며, 인슐린 저항성을 개선시켜 혈당 조절과 당 대사에 관여한다. 아연은 또한 상처 회복을 도우며, 염증 반응을 억제하고, 호흡기 상피 세포를 보호하며, 면역 세포의 발달과 분화에 관여하여 면역 기능을 증진시킨다. 따라서 아연이 부족하면 아토피 피부염,

천식, 알레르기 등 면역 질환을 일으킬 수 있다.

아연은 항산화 효소 안정화에 중요한 역할을 하고, 정자 생성과 생식 기관 발달, 남성 호르몬 합성에 관여한다. 아연은 또한 감각 기관에도 작용하여 아연이 부족하면 미각 세포의 재생이 느려지고 맛을 잘 느끼지 못하며, 아연은 눈의 황반변성 퇴화를 지연시킨다.

◐ 섭취량이 부족하면 어떤 증상이 생길까?

아연은 거의 모든 식품에 들어 있어서 아연이 부족하여 건강에 문제가 되는 일은 거의 없다. 그러나 아연 함유량이 낮은 식품 섭취와 흡수 장애 등으로 아연이 결핍되면 식욕 부진, 성장 지연, 피부 변화, 상처 회복 지연 등이 나타나고, 심하게 결핍되면 성장과 성숙 지연, 설사, 식욕 부진, 피부염, 탈모, 염증, 면역 능력 감소, 신경 장애 등이 나타난다. 아연 필요량이 증가하는 성장기 어린이에게 아연이 부족하면 설사가 생기고, 이로 인해 아연 결핍이 심해질 수 있으며, 면역력이 저하되어 감기 등 호흡기 감염에 걸리기 쉽고, 천식을 일으킬 수 있다.

◑ 너무 많이 섭취하면 어떤 증상이 생길까?

일상적인 식사로는 아연을 많이 먹어서 건강에 문제가 되는 일은 없다. 그러나 아연 보충제 등으로 만성적으로 과잉 섭취하면 메스꺼움, 구토, 설사, 발열이 나타날 수 있고, 오랫동안 과잉 섭취하면 구리 흡수가 방해되어 구리 결핍과 빈혈이 생길 수 있으며, 혈중 HDL 감소, 면역 기능 손상이 나타난다.

✚ 지식 플러스

효소

효소는 단백질 성분으로, 우리 몸에서 생명 활동을 유지하기 위해 물질을 합성하거나 분해하는 일을 할 때 도와준다.

조효소

조효소는 효소에 작용하여 효소가 활성을 띠게 도와주는 물질을 말하며, 대부분의 비타민은 물질 대사 반응에서 조효소로 작용한다.

아연은 어떻게 먹어야 할까?

아연의 흡수율은 10~30% 정도이며, 함께 섭취하는 식품의 성분과 개인의 건강 상태에 따라 달라진다. 또한 아연은 매일 손실되기 때문에 매일 보충해 주어야 한다.

도움 요인

· 동물성 단백질, 비타민 B_6, 구연산은 아연의 흡수를 높인다.

방해 요인

· 콩류와 곡류의 껍질에 있는 피트산이나 식이 섬유는 아연과 결합하여 아연의 흡수율을 감소시킨다.
· 칼슘, 철, 구리 등 다른 무기질을 너무 많이 섭취해도 아연의 흡수율이 낮아진다. 따라서 철이나 칼슘 보충제를 너무 많이 먹지 않도록 하고, 먹을 때에는 아연 보충제를 함께 먹어야 한다.

어떤 식품에 많이 들어 있을까?

아연은 거의 모든 식품에 들어 있고, 특히 단백질이 풍부한 식품에 많으며, 식물성 식품보다 동물성 식품에 많이 들어 있고 흡수율도 높다. 굴은 아연 함량이 높은 대표적인 식품이다.

아연을 많이 함유한 식품 예(1회 분량)			
· 굴(80 g) 12.7 mg		· 바지락(80 g) 1.0 mg	
· 새우(80 g) 1.8 mg		· 꽃게(80 g) 1.6 mg	
· 쇠고기(살코기, 60 g) 2.7 mg		· 돼지고기(살코기, 60 g) 1.3 mg	
· 달걀(60 g) 0.7 mg		· 우유(200 g) 0.7 mg	
· 메밀(90 g) 2.8 mg		· 현미(90 g) 1.9 mg	

💧 아연 하루 권장 섭취량

(단위: mg)

연령(세)	3~5	6~8	9~11	12~14	15~18	19~49	50 이상
남자	4	6	8	8	10	10	9
여자	4	5	8	8	9	8	7

건강 정보

모유에 부족한 아연

모유에는 양질의 영양소뿐 아니라 면역 물질이 들어 있어 모유 수유를 권장한다. 그러나 모유에는 비타민 D와 철이 아기에게 필요한 양보다 적게 들어 있으며, 최근 모유에 아연이 부족하다는 연구 결과가 나왔다. 아연은 영·유아의 성장과 발달에 필수 영양소인데, 모유가 초유에서 성숙유로 진행될수록 모유의 아연 함량이 감소하여 6개월이 지나면 현저히 줄어 모유만으로는 아연을 충분히 섭취할 수 없다. 따라서 모유 수유를 할 경우 아기의 성장 발달을 위해 아연이 함유된 식품을 보충해 주는 것이 좋다.

그러나 모유에 부족한 영양소가 있다고 하여 다양한 영양소를 첨가한 분유가 더 좋은 것은 아니다. 모유는 분유와 달리 아기의 성장에 따라 달라지는 영양 성분과 여러 면역 물질, 엄마와의 교감이 있다는 점에서 아기에게 가장 우수한 영양원이다. 6개월 이후에는 이유식으로 부족한 영양소를 보충해 주는 것이 필요하다.

노인의 폐렴과 아연 섭취

노인에게 아연이 부족할 경우 면역 기능과 방어 기능이 약화되기 때문에 폐렴을 포함한 균에 의한 감염 질환의 발병 위험이 커진다. 혈중 아연 농도가 낮은 노인이 폐렴에 걸릴 가능성이 높으며, 걸릴 경우 아연 영양이 양호한 노인보다 회복 기간이 더 길고, 더 많은 항생제를 사용해야 치료할 수 있다. 폐렴은 활동량이 적은 노인이나 지병으로 면역력이 약한 사람에게는 치명적이므로 아연이 함유된 식품을 섭취하고, 부족할 경우 아연 보충제를 복용한다.

구리

철을 도와주는 무기질

구리는 우리 몸에 약 100~150 mg 들어 있는 미량 무기질이며, 그중 약 2/3 는 골격과 근육에 들어 있다. 구리는 철의 운반과 이용을 도와주므로 기능 면에 서 철과 유사한 점이 많다.

헤모글로빈 합성과 에너지 대사에 관여한다

구리는 여러 효소의 구성 성분으로 주로 산화·환원 반응에 관여하여 헤모글 로빈 생성, 에너지 생성, 혈액 응고, 혈중 지단백질 대사 등에서 중요한 역할을 한다. 구리는 소장에서 철이 잘 흡수되게 하고, 철을 헤모글로빈 합성 장소로 운반하는 역할을 하여 헤모글로빈 합성을 돕는다. 구리는 전자 전달계의 마지 막 과정에서 ATP 생성에 작용하여 에너지 대사에 관여한다.

골격과 심장 근육 유지, 신경 전달 물질 합성에 필요하다

구리는 아연, 비타민 C와 함께 콜라젠과 엘라스틴이 교차 결합하여 결합 조 직을 형성하는 데 필요한 효소의 구성 성분으로, 골격과 피부, 심혈관계의 결합 조직을 정상적으로 유지하여 골격 손실을 막고, 피부에 탄력을 주며, 심장 근육 과 혈관벽을 튼튼하게 한다. 또 구리는 멜라닌 색소를 만드는 데 필요한 효소를 합성하는 필수 성분으로 멜라닌 색소 활성화에 영향을 주어 피부에 멜라닌 색소를 침착시키는 역할을 한다. 그리고 구리는 항산화 작용을 하는데, 과산화물 제거 효소와 결합하여 세포의 산화적 손상을 막으며, 노에피네프린과 도파민 등의 신경 전달 물질 합성에도 관여한다.

🌓 섭취량이 부족하면 어떤 증상이 생길까?

일상적인 식사로 구리가 부족한 일은 거의 없다. 그러나 구리 함량이 낮은 조제 분유를 먹는 아기, 미숙아, 영양 섭취 부족이나 흡수 장애가 있는 사람은 구리가 부족할 수 있다. 구리가 결핍되면 빈혈, 골격과 관절 손상, 골 관절염, 성장 지연, 머리카락과 피부 탈색, 심혈관계 질환, 뇌 손상 등이 나타난다. 또 척수염, 척수 매독 등의 척수병과 말초 신경병, 시신경병 등의 다양한 신경학적 이상을 일으키며, 심장 비대와 기능 저하도 나타난다.

⚪ 너무 많이 섭취하면 어떤 증상이 생길까?

일상적인 식사로 구리를 많이 섭취해서 건강에 문제가 되는 일은 없다. 그러나 구리 보충제를 오랫동안 복용하면 독성이 나타날 수 있다. 구리를 만성적으로 과잉 섭취하면 구토, 메스꺼움, 설사 등 소화기 장애와 적혈구 파괴로 인한 빈혈, 신장과 간의 조직 손상 등이 나타나며, 심혈관계 질환 위험이 높아진다.

➕ 지식 플러스

멜라닌

일정량 이상의 자외선을 흡수하는 방식으로 자외선이 피부 깊숙이 침투하는 것을 차단한다.

구리는 어떻게 먹어야 할까?

구리의 흡수율은 함께 섭취하는 식품 속 성분의 영향을 받는다. 그러나 칼슘과 철의 흡수를 방해하는 피트산과 식이 섬유는 구리 흡수에 영향을 미치지 않는다.

방해 요인

- 철, 아연, 몰리브데넘, 비타민 C는 구리의 흡수를 방해한다.
- 구리를 한꺼번에 다량(10~15 mg) 섭취하면 구토를 유발하므로 구리 보충제를 섭취할 경우 소량으로 나누어 먹어야 한다.

어떤 식품에 많이 들어 있을까?

구리는 특히 고기의 내장과 굴, 꽃게, 통곡류 등에 많이 들어 있다.

구리를 많이 함유한 식품 예(1회 분량)	
• 쇠간(삶은 것, 40 g) 5.71 mg	• 돼지 간(삶은 것, 40 g) 0.25 mg
• 굴(80 g) 1.04 mg	• 바지락(80 g) 0.12 mg
• 꽃게(80 g) 0.86 mg	• 쌀보리(90 g) 0.29 mg
• 현미(90 g) 0.21 mg	• 서리태(20 g) 0.20 mg
• 말린 호두(10 g) 0.12 mg	• 볶은 아몬드(10 g) 0.10 mg

💧 구리 하루 권장 섭취량

(단위: μg)

연령(세)	3~5	6~8	9~11	12~14	15~18	19 이상
남자	320	440	580	740	840	800
여자	320	440	580	740	840	800

윌슨병

영국의 신경과 의사 윌슨(Wilson, S. A. K.)이 분류한 윌슨병은 유전적 결함으로 구리가 담즙을 통해 배설되지 않고 간이나 뇌, 신장, 눈의 각막에 비정상적으로 쌓여 뇌를 손상시키는 질환이다. 간경변증이나 신경 증상이 따르는데, 손 떨림이나 언어 장애가 생기고 눈의 각막 주위에 녹갈색 고리가 나타난다. 이 병에 걸리면 구리 섭취를 적게 해야 하므로 구리가 많이 함유된 식품의 섭취를 삼가야 한다. 초기 윌슨병 환자는 적절한 치료로 구리의 축적을 차단하면 어느 정도 병의 진행을 막을 수 있다. 이 질환은 페니실라민 약물로 평생 치료를 받거나, 구리 흡수를 방해하는 아연을 고용량 복용하여 조직 손상을 예방하면 정신적 쇠퇴를 줄일 수 있다.

구리 섭취와 알츠하이머병

구리가 알츠하이머병의 주요 원인 물질인 아밀로이드 베타 플라크의 축적을 유발할 수 있다는 연구 결과가 나왔다. 구리는 뇌에서 아밀로이드 베타를 제거하는 단백질 1(LRP 1)의 작용을 방해하고, 신경을 자극하여 아밀로이드 베타의 생성을 증가시키는 것으로 추정되고 있다. 그러나 구리가 알츠하이머병을 유발하는지, 반대로 예방하는지에 대해 과학계는 여전히 의견이 엇갈리고 있다.

아이오딘

갑상샘 호르몬의 구성 성분

아이오딘은 갑상샘 호르몬 티록신의 합성에 필요한 영양소이며, 70~80%가 갑상샘에 있다. 아이오딘은 바닷물에도 있기 때문에 바다 생선과 해조류에 풍부하게 들어 있다. 아이오딘은 전 세계적으로 부족하기 쉬운 무기질이지만, 우리나라는 해산물이 풍부하고 해조류와 생선을 즐겨 먹어 아이오딘을 너무 많이 섭취할 수도 있으나 크게 걱정할 정도는 아니다.

기초 대사량 조절, 신진대사 촉진에 관여한다

아이오딘은 갑상샘 호르몬인 티록신의 구성 성분으로, 갑상샘 호르몬을 합성하는 것이 가장 중요한 기능이며, 체내 여러 반응에 참여한다. 갑상샘 호르몬은 생명을 유지하는 데 필요한 최소한의 에너지량인 기초 대사량을 조절하고, 신진대사를 촉진하며, 열 생산을 자극하여 체온을 조절하고, 단백질 합성을 촉진하여 중추 신경계 발달에 관여하며, 신체 성장과 발달을 돕는 등 거의 모든 기관에 관여하기 때문에 아이오딘을 섭취하는 것은 중요하다.

섭취량이 부족하면 어떤 증상이 생길까?

아이오딘은 지역에 따라 부족하기 쉬운 무기질로, 바다와 멀리 떨어진 내륙 지역에서는 아이오딘 결핍 증상이 풍토병으로 발생하기도 한다. 아이오딘이 부족하면 어른은 갑상샘이 비대해지는 단순 갑상샘종이 생기며, 어린이는 성장 지연과 인지 기능 장애가 나타날 수 있다. 임신 중에 아이오딘이 심하게 결핍되면 유산, 사산, 기형아 출산의 위험이 높아지며, 특히 임신 초기에 아이오딘이 결핍되면 태아의 성장과 뇌 발달이 지연되어 출생 후 성장 장애, 왜소증, 시각 장애, 언어 장애, 정신 지체 등의 증상이 나타나는 크레틴병(cretinism)에 걸리게 된다. 아이오딘 결핍증은 아이오딘을 충분히 섭취하면 예방할 수 있지만 발병된 후에는 치료가 쉽지 않다.

너무 많이 섭취하면 어떤 증상이 생길까?

아이오딘을 일시적으로 과잉 섭취하면 입과 목구멍, 위 쓰림 증상이 나타나고, 구토, 메스꺼움, 설사, 발열이 생긴다. 아이오딘을 만성적으로 과잉 섭취하면 갑상샘염, 갑상샘종, 갑상샘 기능 항진증 및 저하증에 걸릴 수 있다. 아이오딘은 자동 조절 능력이 있어 다량의 아이오딘을 섭취해도 정상적인 갑상샘 기능이 유지되지만, 이 자동 조절 기능에 장애가 생긴 경우 아이오딘을 과잉 섭취하면 갑상샘 기능 항진증이나 바세도우씨병에 걸리게 된다. 갑상샘 기능 항진증은 갑상샘 호르몬의 기능이 높아져 기초 대사량이 커지고, 자율신경계 장애를 유발하며 안구가 돌출된다.

지식 플러스

갑상샘

목 앞 중앙 하부의 인두와 후두부를 둘러싸고 있는 내분비 기관. 갑상샘은 우리 몸에서 호르몬을 분비하는 내분비 기관 중 가장 크며, 갑상샘 호르몬을 만들어 몸의 기능을 적절하게 유지하는 일을 하는 중요한 기관이다.

단순 갑상샘종

아이오딘 섭취가 부족하면 혈중 아이오딘 농도가 낮아져 갑상샘이 아이오딘을 더 많이 얻기 위해 비대해지는 증상이다.

바세도우씨병

갑상샘 기능 항진증을 나타내는 대표적인 질환으로, 갑상샘이 붓고, 심장 박동이 빨라지며, 안구 돌출의 증상이 나타난다.

아이오딘은 어떻게 먹어야 할까?

고이트로젠(goitrogen)은 갑상샘 기능을 저하시키는 모든 물질을 뜻하는 말이다. 이 물질을 먹으면 갑상샘이 아이오딘을 잘 받아들이지 못해 갑상샘 호르몬의 합성이 억제되기 때문에 갑상샘이 비대해진다. 따라서 갑상샘 비대 물질, 갑상샘종 유발 물질이라고도 한다. 고이트로젠은 무청, 양배추, 브로콜리, 겨자류의 종자 등에 들어 있으며, 열에 약하여 가열하면 손실된다.

도움 요인

- 갑상샘 기능 항진증이 있을 때 해조류에 든 아이오딘의 양은 갑상샘 기능에 그다지 큰 영향을 미치지 않는다.

방해 요인

- 갑상샘 기능 항진증이 있을 때 다시마 환처럼 아이오딘이 농축된 형태는 갑상샘에 영향을 줄 수 있으므로 먹지 않는 것이 좋다.
- 익히지 않은 무청, 양배추, 브로콜리, 겨자류 등의 채소는 흡수를 방해한다.
- 셀레늄과 철, 비타민 A의 결핍은 갑상샘 호르몬 생성을 억제하기도 한다.

어떤 식품에 많이 들어 있을까?

아이오딘은 바닷물에도 있기 때문에 바다 생선과 조개류, 해조류에 많이 들어 있다. 식품의 아이오딘 함량은 생산 지역 토양의 아이오딘 함량이나 사용하는 퇴비의 종류에 따라 달라진다.

아이오딘을 많이 함유한 식품 예(1회 분량)	
• 조미 김(2 g) 33.4 μg	• 미역(30 g) 0.5 μg
• 파래(30 g) 0.4 μg	• 조미 쥐치포(15 g) 18.4 μg
• 멸치(15 g) 8.2 μg	• 참다랑어(붉은 살, 60 g) 8.4 μg
• 달걀(60 g) 39.1 μg	• 요구르트(150 g) 47.4 μg
• 우유(200 g) 12.2 μg	• 치즈(모차렐라, 20 g) 6.9 μg

💧 **아이오딘 하루 권장 섭취량**

(단위: μg)

연령(세)	3~5	6~8	9~11	12~18	19 이상
남자	90	100	110	130	150
여자	90	100	110	130	150

더 알아보기

임신부가 아이오딘을 많이 먹으면 아기 IQ가 쑥쑥

임신부의 아이오딘 섭취량은 아기의 지능 지수(IQ)에 영향을 미친다. 임신 기간에 아이오딘 섭취가 부족하면 심각한 수준이 아니더라도 태아의 지능 발달에 나쁜 영향을 미쳐 아기의 IQ가 8~10 정도 낮아지고 읽기 능력에도 해로운 영향을 미친다고 한다. 임신 중에는 임신부뿐 아니라 태아의 갑상샘 호르몬 구성과 뇌 발달을 위해 아이오딘이 더 많이 필요하다. 특히 태아의 뇌세포가 거의 완성되는 임신 초기에 해조류와 우유를 비롯한 아이오딘 함유 식품을 충분히 먹어야 한다. 그리고 임신기에 아이오딘 섭취가 부족하면 유산, 사산, 기형아 출산 위험이 클 뿐 아니라 최근에는 임신 성공률이 낮아진다는 연구 결과가 나왔다. 임신을 원하는 여성은 최소한 임신 3개월 전부터 아이오딘이 풍부한 식사를 하는 것이 좋다. 그러나 아이오딘을 너무 많이 섭취하지 않도록 주의해야 한다.

셀레늄

신체 방어 물질

셀레늄은 발견 당시 독성이 강한 원소로 알려졌지만, 최근에는 사람에게 꼭 필요한 미량 무기질로 인식되고 있다. 셀레늄은 우리 몸에 매우 적은 양이 들어 있지만 강한 항산화 작용을 하는 영양소로서 신체 방어 물질이라고 할 수 있다.

항산화 작용으로 면역 기능을 증진시키고 암을 예방한다

셀레늄은 항산화 효소의 구성 성분으로 과산화수소와 같은 활성 산소를 제거하여 신체 조직의 손상과 노화를 방지하는 항산화 작용을 한다. 셀레늄의 항산화 작용은 해독 작용과 면역 기능을 증진시키며, 간과 신장 질환 및 관절염 등 여러 질병의 예방과 치료에 작용하고, 암 발생과 전이를 억제하여 특히 폐암, 대장암, 전립샘암의 예방과 치료에 효과적이다. 셀레늄은 비타민 E와 함께 심장의 기능을 강화시켜 협심증, 부정맥, 심근경색, 허혈성 심장병 등을 예방한다. 셀레늄은 여러 효소의 구성 성분으로서 근육 발달과 생식 기능, 면역 반응의 다양한 대사와 생리 기능, 갑상샘 호르몬의 활성화에도 관여한다. 셀레늄은 수은이나 카드뮴과 같은 중금속에 대한 방어 작용과 독성을 완화시키는 작용을 한다.

섭취량이 부족하면 어떤 증상이 생길까?

셀레늄이 결핍되면 신체 여러 기관들이 제대로 기능을 하지 못하여 근육통, 근육 손실, 심근 손상, 간 손상, 갑상샘 기능 저하, 면역 기능 저하, 병원균 감염, 염증, 남성 생식 기능 저하, 빈혈이 나타난다. 셀레늄의 결핍 정도가 심하면 폐암과 간암, 당뇨병, 치매, 심장병의 발병 위험이 증가하고, 골격 건강에 문제가 생긴다. 혈중 셀레늄 수준이 낮은 사람에게 셀레늄을 보충하면 간암, 전립샘암, 폐암, 직장암, 결장암의 발생과 암으로 인한 사망률을 낮출 수 있다. 임신 말기에 셀레늄이 결핍되면 유산, 조산, 사산의 위험이 있고, 태어난 신생아는 성장 발달에 문제가 생긴다. 셀레늄이 부족한 지역에서는 풍토병인 케산병과 카신벡병이 발생한다.

너무 많이 섭취하면 어떤 증상이 생길까?

셀레늄을 하루에 900 µg 이상 섭취하면 독성이 나타날 수 있는데, 만성적으로 과잉 섭취하면 셀레늄 중독이 된다. 중독 증상으로는 숨 쉴 때 마늘 냄새가 나며, 피로, 손톱과 머리카락 변형, 탈모, 피부 손상, 복통, 설사, 구토 등의 위장 장애가 나타나고, 말초 감각 저하와 말단 지각 이상 등의 신경 장애가 발생하여 이후에는 감각 상실, 경련과 마비로 발전한다. 또 셀레늄을 과잉 섭취하면 암, 특히 전립샘암의 발생 위험이 높아진다.

셀레늄은 어떻게 먹어야 할까?

토양이나 물 등에 셀레늄이 부족한 지역에서는 셀레늄의 섭취가 부족할 수 있다. 셀레늄은 흡수가 잘 되는 영양소로 식품에 있는 유기 셀레늄 형태로 섭취하면 약 90 % 이상 흡수되지만, 보충제인 무기 셀레늄의 형태로 섭취하면 여러 요인의 영향을 받아 흡수율이 50~100 %로 차이가 난다.

도움 요인

· 비타민 C, 비타민 E와 함께 섭취하면 항산화 효과가 더 크다.

방해 요인

· 철과 구리가 부족하면 셀레늄에 의한 대사 작용이 제대로 일어나지 않는다.

어떤 식품에 많이 들어 있을까?

셀레늄은 동물성 식품에 많이 들어 있으며, 식물성 식품에도 들어 있으나 채소와 과일에는 적은 편이다. 식품에 들어 있는 셀레늄의 양은 그 식품이 생산된 지역 토양의 셀레늄 함량에 따라 다르므로 같은 종류의 식품이라도 셀레늄 함량에 많은 차이가 있다.

셀레늄을 많이 함유한 식품 예(1회 분량)			
• 돼지 간(삶은 것, 40 g) 27.0 µg		• 쇠간(삶은 것, 40 g) 14.4 µg	
• 돼지고기(살코기, 60 g) 12.4 µg		• 쇠고기(살코기, 60 g) 11.8 µg	
• 달걀(60 g) 21.3 µg		• 우유(200 g) 9.9 µg	
• 멸치(15 g) 16.7 µg		• 방어(60 g) 19.2 µg	
• 브라질너트(10 g) 191.7 µg		• 볶은 피스타치오(10 g) 4.6 µg	

💧 셀레늄 하루 권장 섭취량

(단위: µg)

연령(세)	3~5	6~8	9~11	12~14	15~18	19 이상
남자	25	35	45	60	65	60
여자	25	35	45	60	65	60

셀레늄 관련 풍토병, 케산병과 카신벡병

중국의 헤이룽장성 케산 마을에서는 심장 근육 병증인 케산병(Keshan disease)이 풍토병처럼 발생하였다. 토양이나 물 등에 셀레늄 함량이 적은 그 지역 환경에서 생산된 농작물을 먹은 사람들의 셀레늄 결핍이 주요 원인이라고 한다. 그러나 이 병이 셀레늄 결핍만으로 발생한 것인지는 분명하게 밝혀지지 않았다. 케산병은 어린이나 가임기 여성에서 심장 비대, 심근괴사 등의 심장 질환과 신장 기능 장애를 나타내며, 셀레늄 보충으로 예방된다.

카신벡병(Kashin Beck disease)은 러시아의 의사 카신(1856)과 벡(1861)이 발견하여 보고하였으며, 중국 북동부, 북한, 동부 시베리아 지역의 셀레늄 부족과 관련된 풍토성 골관절염이다. 이 질병은 사춘기 직전이나 사춘기에 영향을 주는 중증의 기형성 관절염과 비슷한 질환인데, 연골 세포의 괴사가 주 증상으로 연골 비정상으로 인한 난쟁이 증세와 관절의 변형이 나타날 수 있다. 카신벡병의 원인으로 셀레늄 부족이 아직 확실하게 밝혀지지는 않았다.

브라질너트 너무 많이 먹으면 '셀레늄 중독'

브라질너트는 셀레늄이 풍부하여 '셀레늄의 제왕'이라고 하는데, 셀레늄 함량이 너무 높아 중독을 일으킬 수도 있다. 미국 국립보건원(NIH)의 자료를 보면, 브라질너트 한 알의 셀레늄 함량은 약 68~90㎍이다. 셀레늄의 하루 권장 섭취량이 19세 이상 성인은 60㎍이고, 상한 섭취량이 400㎍인 점을 감안하면 하루에 6알 이상 먹으면 안 된다. 셀레늄을 오랫동안 과잉 섭취하면 독성을 나타내므로 브라질너트의 하루 적정 섭취량은 2알 정도이다. 그리고 브라질너트는 칼로리가 높으므로 다른 견과류와 함께 먹는다면 다른 견과류의 섭취량을 줄여야 한다.

망가니즈

효소 작용을 도와주는 무기질

망가니즈는 우리 몸에 매우 적은 양이 들어 있지만, 셀레늄과 같이 항산화 작용을 하고, 여러 효소의 구성 성분으로 작용하거나 효소 작용을 활성화시켜 우리 몸의 다양한 생리적 기능을 도와준다.

항산화 작용을 하고 골격 형성과 발달에 관여한다

망가니즈는 체내 여러 효소 반응에 관여한다. 망가니즈는 항산화 효소인 과산화 디스뮤타아제(superoxide dismutase, SOD)의 작용을 도와 활성 산소를 제거하고 지질 과산화를 방지하는 항산화 작용을 하는데, 특히 이 기능은 관절 류머티즘과 같은 자가 면역 질환의 치료에 필요하다.

망가니즈는 골격 형성에 필요한 효소의 조효소로 칼슘, 인과 함께 골격 형성과 발달을 도와주며, 혈액 응고 인자, 성호르몬, 그리고 DNA와 RNA 합성, 탄수화물과 지질, 단백질 대사에 필요하다. 또 망가니즈는 뇌와 신경이 정상적인 기능을 수행할 수 있도록 뇌에서 항산화 작용뿐 아니라 신경 전달 물질을 합성하고 대사시키는 데 필요한 효소의 보조 인자로 작용하며, 콜라겐 합성에 작용하여 결합 조직 합성과 상처 회복을 돕는다. 또한 인슐린 작용을 도와 혈당 조절을 하며, 면역 기능을 정상적으로 유지하고 향상시키는 데 필요하다.

◑ 섭취량이 부족하면 어떤 증상이 생길까?

망가니즈는 필요량이 적고, 식물성 식품에 충분한 양이 들어 있기 때문에 일상적인 식사를 하면 결핍되는 일이 거의 없다. 그러나 망가니즈가 결핍되면 신경망 결손, 행동과 운동 실조로 인한 근육 활동의 어려움, 혈중 HDL 콜레스테롤(좋은 콜레스테롤) 농도의 감소 또는 내당 능력 손상 등이 나타날 수 있다. 그리고 임신부에게 망가니즈가 결핍되면 태아의 성장 지연, 비정상적인 골격 형성, 피부염, 혈액 응고 지연, 피부 발진, 신경 독성이 나타날 수 있으며, 결핍이 심하면 기형아가 태어날 수도 있다.

◐ 너무 많이 섭취하면 어떤 증상이 생길까?

망가니즈를 과잉 섭취하면 담즙을 통해 배설되어 체내 함량이 잘 조절되므로 일상적인 식사로는 망가니즈를 많이 먹어서 문제가 되는 일은 거의 없다. 그러나 탄광, 용광로, 용접, 건전지 생산 공장에서 일하는 사람의 경우 망가니즈가 포함된 공기를 오랫동안 흡입하면 식욕 감소, 피로, 생식 능력 저하, 학습 장애, 기억력 감퇴, 심리적 장애, 운동 장애, 시공간 처리 능력 손상이 나타날 수 있고, 폐렴에 걸릴 수 있다. 또 망가니즈가 많이 함유된 식수를 마시면 신경 운동 장애가 나타날 수 있다.

망가니즈는 어떻게 먹어야 할까?

식사를 통해 섭취한 망가니즈의 흡수율은 대부분 5% 이하로 매우 낮은 편이며, 함께 섭취하는 식품 속 성분의 영향을 받는다.

방해 요인

- 다음 성분은 망가니즈의 흡수를 방해할 수 있다.
  - 통곡류와 콩류에 많은 피트산
  - 양배추와 시금치 등에 많은 옥살산
  - 차에 함유된 타닌
- 칼슘이나 철 보충제를 복용하면 망가니즈의 흡수율이 낮아질 수 있다.

어떤 식품에 많이 들어 있을까?

망가니즈는 모든 식품에 다양하게 들어 있지만 식물성 식품이 주요 급원이며, 피칸, 호두 등의 견과류와 현미 등에 많이 들어 있다.

망가니즈를 많이 함유한 식품 예(1회 분량)		
• 볶은 피칸(10 g) 0.39 mg	• 말린 호두(10 g) 0.28 mg	
• 볶은 아몬드(10 g) 0.24 mg	• 밤(60 g) 2.67 mg	
• 현미(90 g) 2.27 mg	• 메밀(90 g) 1.32 mg	
• 쑥(70 g) 1.80 mg	• 두릅(70 g) 1.56 mg	
• 아욱(70 g) 1.03 mg	• 서리태(20 g) 0.20 mg	

우리나라는 아직 망가니즈의 필요량을 추정할 수 있는 과학적 근거가 부족하여 권장 섭취량 대신 충분 섭취량이 설정되어 있다.

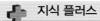
망가니즈 하루 충분 섭취량

(단위: mg)

연령(세)	3~5	6~8	9~11	12 이상
남자	2.0	2.5	3.0	4.0
여자	2.0	2.5	3.0	3.5

지식 플러스

망가니즈 이름의 유래
마그네슘과 마찬가지로 그리스의 마그네시아(Magnesia) 지역명에서 유래하였다.

과도한 망가니즈 흡입, IQ 낮춰

망가니즈는 항산화 작용과 뇌 기능 유지 등 몸에서 매우 중요한 일을 하는 영양소이지만 독성이 있어 조심해야 한다. 망가니즈가 포함된 공기를 지나치게 흡입하면 신경 발달에 해롭다. 특히 어린이들은 학습 능력이 떨어지고, 신경 발달에 영향을 주어 지능 지수(IQ)가 낮아질 수 있다. 연구 결과 모발 내 망가니즈 농도가 높을수록 어린이들의 지능 지수가 떨어지고, 언어 처리 능력과 작업 기억력이 저하되었다고 한다.

모유와 분유의 망가니즈 함량과 흡수율

모유, 우유, 두유에 들어 있는 망가니즈의 양은 100 mL당 각각 0.3~1 μg, 3~5 μg, 20~30 μg으로 모유는 우유나 두유에 비해 망가니즈 함량이 낮은 편이다. 그러나 망가니즈의 흡수율은 모유 8.2 %, 우유 2.4 %, 두유 0.7 %로 모유의 흡수율이 가장 높다.

몰리브데넘

생물체의 필수 미량 영양소

몰리브데넘은 거의 모든 생물체의 필수 미량 영양소이다. 몰리브데넘은 철, 구리와 상호 작용을 하는 미량 무기질로, 주로 우리 몸의 간이나 신장에 들어 있다. 몰리브데넘은 비교적 인체에 독성이 없지만 많이 섭취하면 구리의 흡수를 방해한다.

빈혈을 예방하고 산화·환원 작용을 돕는다

몰리브데넘은 구리와 함께 철의 운반을 도와 우리 몸에서 철이 잘 이용되도록 하여 조혈 작용을 돕고 빈혈을 예방한다. 뼈와 근육 등의 조직에 들어 있는 몰리브데넘은 산화·환원 과정에 관여하는 여러 산화 효소의 작용을 도와주는 조효소로서 요산 형성 과정과 아미노산 대사에 관여한다. 요산은 통풍성 관절염을 일으키기 때문에 유해 물질로 여겨지지만, 특정 수준에서는 강력한 항산화제로서 활성 산소를 제거하여 중요한 항산화 기능 조절을 돕는다. 또한 몰리브데넘은 핵산의 구성 성분인 피리미딘과 퓨린 등의 화합물이 산화하는 것을 억제한다.

일상적인 식사로 충분히 섭취할 수 있어 건강한 사람에게 몰리브데넘이 결핍되는 일은 거의 없다. 그러나 장기간 주사로 영양을 공급받는 완전 정맥 영양 환자에게 결핍될 수 있어 심장 박동 증가, 호흡 곤란, 야맹증, 부종, 정신 혼미, 혼수상태 등의 증상이 생긴다. 또 몰리브데넘 함량이 낮은 토양 지역에서 사는 사람들은 식도암 발병률이 높다고 보고되었으며, 가끔 영아에게 선천적으로 몰리브데넘 보조 인자가 결핍되어 혈중 아황산염과 요산염의 농도가 증가하고 신경 손상 증세가 생긴다.

● 너무 많이 섭취하면 어떤 증상이 생길까?

몰리브데넘의 과잉 섭취에 대한 독성은 잘 나타나지 않지만, 음식이나 물로 하루에 1~15 mg을 섭취하면 설사, 빈혈, 고요산혈증이 생길 수 있다는 보고가 있다. 토양에 몰리브데넘 함량이 높은 아르메니아 지역에 사는 사람들에게 몰리브데넘 과잉 증상으로 혈액의 요산이 증가하고, 일부 특정인에게는 고요산뇨증, 관절 통증, 통풍과 유사한 증상이 나타났다.

🔹 지식 플러스

몰리브데넘 이름의 유래

몰리브데넘의 이름은 그 원석인 휘수연석(輝水鉛石, molybdenite)에서 유래되었다.

몰리브데넘과 충치 예방

몰리브데넘은 치아 에나멜에 함유되어 있어 충치 예방에 중요한 역할을 하며, 플루오린 침착증으로 인한 치아 문제를 치료하는 데 효과가 있다고 알려져 있다.

어떤 식품에 많이 들어 있을까?

몰리브데넘은 모든 식품에 골고루 들어 있으며, 특히 콩류와 통곡류, 견과류에 많이 들어 있다. 몰리브데넘은 토양에 풍부하게 들어 있으므로 그 식품이 생산된 지역의 토양 환경에 따라 식품의 몰리브데넘 함량이 크게 달라진다.

몰리브데넘을 많이 함유한 식품 예(1회 분량)			
• 동부(20 g) 156.4 µg		• 노란콩(20 g) 96.1 µg	
• 서리태(20 g) 31.3 µg		• 볶은 땅콩(10 g) 24.9 µg	
• 해바라기씨(10 g) 3.4 µg		• 메밀(90 g) 33.9 µg	
• 현미(90 g) 29.4 µg		• 수수(90 g) 17.0 µg	
• 우유(200 g) 4.2 µg		• 요구르트(150 g) 3.7 µg	

💧 몰리브데넘 하루 충분 섭취량

(단위: µg)

연령(세)	3~11	12~18	19~29	30 이상
남자	–	–	30	25
여자	–	–	25	25

건강 정보

요산과 통풍

요산은 수명을 다한 세포에서 분리된 핵산의 구성 성분인 퓨린이 간에서 대사되면서 생기는 최종 분해 산물이다. 요산은 대부분 신장에서 소변으로 배출되는데, 요산이 많이 생성되거나 배출이 충분하지 못하면 혈액 속에 요산이 많아져 통풍(gout)에 걸리게 된다. 통풍은 요산의 생성 증가보다는 배설 감소가 더 흔하게 나타나는 원인이며, 혈액 속의 요산이 요산염 결정을 만들어 관절의 연골이나 힘줄 등에 쌓이는 질병이다. 통풍에 걸리면 관절에 염증이 생겨 아프고, 관절 모양이 변하거나 불구가 될 수도 있으며, 다양한 신장 질환을 일으키고 신장 결석이 나타나기도 한다.

플루오린

충치를 예방하고 억제하는 영양소

플루오린은 예전에는 '불소'라고 부르던 미량 무기질로, 충치를 예방하고 억제하는 데 중요한 영양소이다. 플루오린이라는 이름은 플루오린의 주된 광석인 형석의 이름 'fluorite'에서 유래되었다. 플루오린은 칼슘과 친화력이 높아 우리 몸에서 대부분 골격과 치아에 들어 있으며, 골격과 치아 발달에 필수적이다. 충치를 예방하기 위해 먹는 물이나 치약 등의 구강 용품에 플루오린을 넣는 경우도 있다.

충치를 예방하고 단단한 골격을 만든다

치아가 나는 시기에 플루오린을 섭취하면 치아의 에나멜층을 단단하게 만들고, 이 에나멜층은 치아에 있는 세균이 당류를 분해하여 만들어 낸 산의 공격으로부터 치아를 보호하여 충치를 예방하는 효과가 있다. 치아 발달이 끝난 후에도 플루오린을 적절히 섭취하면 충치를 예방할 수 있다. 플루오린은 또한 충치 원인균의 대사와 성장을 방해하고, 에나멜층의 무기질이 손실되는 것을 막고 치아에 무기질이 축적되게 하며, 골격의 형성을 자극하고 골격에 무기질이 축적되는 것을 도와 단단한 골격을 만들게 한다. 따라서 골격에서 무기질이 빠져나가는 것을 막아 골다공증을 예방하는 효과도 있다.

🌑 섭취량이 부족하면 어떤 증상이 생길까?

플루오린 섭취가 부족하면 충치가 생기기 쉬우며, 노인은 골다공증에 걸릴 위험이 높아진다.

⚪ 너무 많이 섭취하면 어떤 증상이 생길까?

플루오린을 과잉 섭취하면 독성이 나타날 수 있다. 급성 중독 증세는 플루오린을 체중당 2∼8 mg을 섭취하면 나타나는데, 복통, 설사, 점막 손상 등의 소화기계 장애, 고칼륨혈증, 저칼슘혈증, 저마그네슘혈증, 근육 약화, 근육 경련, 발작 등의 신경계 장애, 과민증과 피부 발진 등의 피부 질환, 부정맥과 심장 마비 등의 심혈관계 장애가 있다.

플루오린의 만성 독성은 플루오린 침착증(fluorosis)이라고 하며, 치아와 골격, 신장, 근육, 신경계에 영향을 미친다. 치아가 나는 시기의 어린이의 경우, 에나멜층이 발달할 때 플루오린을 너무 많이 섭취하면 에나멜층 생성을 방해한다. 증상으로는 치아에 다공, 불투명, 흰줄, 황갈색 반점 등이 생기며, 심하면 치아가 깨지고 부서진다. 반상치는 일반적으로 6∼8세에 발생하는데, 특히 만 3세 전에 플루오린을 과잉 섭취하면 발생 위험이 높으며, 치아 발달이 끝난 9세부터는 치아 플루오린 침착증의 위험은 거의 없다. 성인의 경우 플루오린을 과잉 섭취하면 골격에 플루오린이 침착되어 골격이 약해져 골절이 생기기 쉽고, 더 심해지면 골다공증, 조로증이 생길 수 있다.

➕ 지식 플러스

먹는 물의 플루오린 함량

먹는 물의 플루오린 함량이 1.5 ppm 이하인 경우 충치 예방 효과가 있고, 1.5∼3.0 ppm인 경우 치아 플루오린 침착증, 3.0 ppm 이상인 경우 골격 플루오린 침착증의 위험이 있다.

반상치(mottled teeth)

치아의 에나멜 형성에 이상이 생겨 치아 표면에 흰색이나 황갈색의 불투명한 반점이나 줄무늬 모양이 나타나는 치아를 말한다.

플루오린 화합물

플루오린 화합물들은 의약품과 농약으로 많이 개발되어 사용되고 있다. 지난 50여 년 동안 상품화된 신약의 약 10 %가 플루오린을 포함하는 화합물인 것으로 파악되며, 그 비율은 계속 증가하고 있다. 항암제로 많이 사용되는 5-플루오르우라실(5-fluorouracil), 항우울제로 알려진 프로작(prozac) 등이 플루오린 화합물이다.

플루오린은 어떻게 먹어야 할까?

음용수 중의 플루오린은 거의 완전히 흡수되므로 충치 예방을 위해서는 식품보다 플루오린이 강화된 음용수가 더 효과적이다.

방해 요인

• 마그네슘은 플루오린의 흡수를 저해하여 체내 이용률을 낮춘다.

어떤 식품에 많이 들어 있을까?

플루오린은 거의 모든 식품에 들어 있으나, 식품보다는 치약이나 플루오린이 함유된 물 등을 통해 더 많이 섭취되고 있다.

플루오린을 많이 함유한 식품 예			
• 차와 음료		• 곡류	
• 감자류		• 콩류	
• 잎채소		• 해산물, 해조류	

※국가 표준 식품 성분표에 플루오린 함량 자료가 없음.

우리나라는 아직 플루오린의 필요량을 추정할 수 있는 과학적 근거가 부족하여 권장 섭취량 대신 충분 섭취량이 설정되어 있다.

💧 플루오린 하루 충분 섭취량

(단위: mg)

연령(세)	3~5	6~8	9~11	12~14	15~18	19~29	30 이상
남자	0.8	1.0	2.0	2.5	3.0	3.5	3.0
여자	0.8	1.0	2.0	2.5	2.5	3.0	2.5

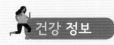

플루오린 함유 치약 사용법

플루오린은 치아의 칼슘 침착과 단단한 에나멜층 형성을 도와주고, 치태가 치아에 달라붙는 것을 막아 충치를 예방하는 효과가 있어 플루오린을 첨가한 구강 용품이 많아지고 있다. 그런데 유아들은 양치할 때마다 사용한 치약의 20 % 정도를 삼키게 되므로 플루오린을 함유한 치약을 사용하면 플루오린 섭취가 많아져 치아에 반점이 생기는 반상치를 유발할 수 있다. 그러므로 유아들은 적은 양의 치약을 사용하고, 삼키지 않도록 주의해야 한다.

임신 중 고농도 플루오린 노출, 자녀의 지능 저하

임신부가 고농도의 플루오린에 노출되면 그렇지 않은 경우보다 태어나는 아이의 지능이 낮을 수 있다는 연구 결과가 나왔다. 실제로 출산 예정인 여성에게서 플루오린 농도가 증가하면 아이의 지능 평가 지수가 낮은 것으로 나타났다. 임신부가 플루오린에 노출되면 태아의 신경 발달에 영향을 미치기 때문이다.

크로뮴

혈당을 조절하고 어린이 성장을 돕는 영양소

크로뮴은 예전에는 '크롬'이라고 부르던 미량 무기질이다. 크로뮴 화합물은 자주색, 녹색, 주황색, 노란색 등 다양한 색을 띠는데, 이러한 특성 때문에 그리스어로 '색'을 뜻하는 'chroma'를 따서 '크롬(chrome)'으로 불리다가 IUPAC(국제 순수·응용화학연합) 명명법에 따라 'chromium'으로 명명되었다. 크로뮴은 혈당 조절과 인슐린 대사를 개선시키는 효능을 가진 영양소로 알려져 있다.

인슐린 활성을 증가시켜 혈당을 유지한다

크로뮴은 우리 몸에서 당 대사에 관여한다. 크로뮴은 내당 인자의 필수 성분으로, 우리 몸에서 탄수화물의 이용에 필요한 호르몬인 인슐린의 활성을 증가시켜 혈액의 포도당이 세포 안으로 들어가는 것을 도와 혈당을 안정적으로 유지한다. 그러나 건강한 사람에게는 크로뮴 보충으로 내당능 개선 효과가 나타나지 않으며, 내당능 장애를 가진 사람들에서 일부 개선된 효과가 나타난다.

어린이 성장을 돕고 지질 대사에 관여한다

또 크로뮴은 어린이들의 성장에 도움을 주는데, 특히 영양 불량 어린이에게 크로뮴을 보충하면 성장에 도움이 된다. 크로뮴은 지질 대사에 관여하여 동맥 경화나 고콜레스테롤 환자에서 혈중 중성 지방은 줄이고, HDL 콜레스테롤(좋은 콜레스테롤)을 증가시키거나 LDL 콜레스테롤(나쁜 콜레스테롤)을 감소시키는 등의 혈액 지질을 개선한다는 연구 결과가 있으나, 이에 대해 연구들 간의 상반된 결과가 보고되었다.

크로뮴은 동물의 경우 RNA 합성을 촉진하고 혈청 면역 단백질을 증가시킨다는 연구 결과도 있다.

섭취량이 부족하면 어떤 증상이 생길까?

일반인이 크로뮴 섭취가 부족하여 문제가 되는 경우는 거의 없다. 그러나 완전 정맥 영양을 공급받는 환자의 경우 크로뮴이 결핍되면 그 증상으로 내당능 저하, 인슐린 활성 감소, 혈중 인슐린 농도 증가, 혈당 상승이 나타난다. 이러한 증상은 크로뮴을 보충하면 완화되거나 치료된다. 그 밖에 크로뮴 결핍으로 혈액 속의 콜레스테롤과 중성 지방이 증가하기도 한다.

너무 많이 섭취하면 어떤 증상이 생길까?

일상생활에서 식품으로 크로뮴을 너무 많이 섭취하여 문제가 되는 경우는 거의 없다. 3가 크로뮴은 하루 1mg까지 섭취해도 독성을 나타내지 않는다. 그러나 산업 현장 등에서 공기를 통해 6가 크로뮴을 오랫동안 많이 흡입하면 알레르기성 피부염, 피부병, 기관지염, 폐암 발병률이 증가한다. 신장이나 간 질환자는 보충제를 통해 크로뮴을 과잉 섭취하면 신장 기능과 간 기능 장애를 일으킬 수 있다.

지식 플러스

인슐린
췌장에서 분비되는 호르몬으로, 혈액에 포도당이 많아지면 인슐린이 분비되어 각 세포가 포도당을 가져다 에너지로 사용하게 하여 혈당을 낮춘다.

크로뮴은 어떻게 먹어야 할까?

식사를 통해 섭취한 크로뮴의 흡수율은 0.5~2.0 %로 매우 낮으며, 함께 섭취하는 식품 속 성분에 의해 영향을 받는다.

도움 요인

- 비타민 C는 크로뮴의 흡수를 높인다.

방해 요인

- 아연 섭취가 많으면 크로뮴의 흡수율이 감소한다.
- 단당류는 크로뮴이 소변으로 배출되도록 촉진한다.
- 신장 질환자나 간 질환자는 신장이나 간 기능에 장애가 나타날 수 있으므로 크로뮴 보충제 섭취를 제한해야 한다.

어떤 식품에 많이 들어 있을까?

크로뮴은 여러 식품에 들어 있지만 그 함량은 매우 적다. 그중 육류, 달걀노른자, 통곡류, 견과류, 치즈, 효모 등에 많다.

크로뮴을 많이 함유한 식품 예			
• 치즈		• 달걀노른자	
• 육류		• 육가공품	
• 통곡류(현미, 통밀 등)		• 견과류	
• 버섯류		• 발효 맥주, 효모	

※국가 표준 식품 성분표에 크로뮴 함량 자료가 없음.

우리나라는 아직 크로뮴의 필요량을 추정할 수 있는 과학적 근거가 부족하여 권장 섭취량 대신 충분 섭취량이 설정되어 있다.

크로뮴 하루 충분 섭취량

(단위: μg)

연령(세)	3~5	6~8	9~11	12~14	15~18	19 이상
남자	12	20	25	35	40	35
여자	12	15	20	25	25	25

건강 정보

크로뮴의 독성

크로뮴은 대부분 3가와 6가의 형태로 존재한다. 그중 6가 크로뮴은 산화력이 크기 때문에 독성이 크며, 암과 돌연변이를 일으키는 유전 독성 물질로 알려져 있다. 우리 몸에서 6가 크로뮴은 3가 크로뮴으로 환원되지만 환원되기 전에 간, 신장, 혈액 세포를 산화시켜 손상시킬 수 있다. 반면에 신체에서 가장 중요한 형태인 3가 크로뮴은 흡수율이 매우 낮아서 아주 많이 섭취하지 않으면 독성이 나타나지 않지만, 3가 크로뮴도 세포 내 농도가 높아지면 DNA를 손상시킬 수 있다고 한다. 6가 크로뮴은 3가 크로뮴에 비해 10배 이상 독성이 크다. 6가 크로뮴은 미세 먼지를 통해 흡입하는 것이 가장 흔한 경로이다.

미세 먼지는 크로뮴, 철, 알루미늄, 납, 카드뮴 등 다양한 물질들로 이루어져 있는데, 이 중 크로뮴은 미세 먼지 유해성의 약 20 %를 차지한다. 최근 우리나라 연구진은 미세 먼지 속의 유해 물질 중 독성을 가진 '6가 크로뮴'을 검출할 수 있는 키트를 개발하였다. 기존의 검출기는 3가 크로뮴과 6가 크로뮴을 구분 없이 모두 검출하기 때문에 독성 여부를 알아내기 어려웠는데, 이 검출기를 개발하여 실시간으로 미세 먼지 속의 크로뮴 함량을 측정할 수 있어 이러한 정보를 제공할 수 있게 되었다.

수분(물)

생명 유지에 가장 중요한 영양소

수분(물)은 우리의 생명과 건강을 유지하는 데 필요한 탄수화물, 지질, 단백질, 비타민, 무기질과 함께 6대 영양소 중의 하나이다. 수분은 우리 몸을 구성하는 성분 중 가장 많으며, 체중의 50~70%를 차지한다. 수분은 사람의 생명 유지에 가장 중요한 영양소로, 다른 영양소는 2~3개월 동안 섭취하지 않아도 살 수 있지만, 물을 먹지 않고는 3~4일 정도밖에 살 수 없다.

영양소와 노폐물을 운반한다

수분은 우리 몸에서 운반 역할을 하는 혈액의 구성 성분으로, 음식을 통해 섭취한 영양소를 조직에 운반하고, 대사 과정에서 생긴 노폐물(이산화탄소, 요소, 요산)을 신장과 폐로 운반하여 몸 밖으로 배출한다. 수분은 대사 과정에서 용매로 작용하여 영양소를 비롯한 여러 대사 물질을 용해시켜 대사 반응이 원활히 일어날 수 있도록 도와주며, 영양소들을 소화, 흡수하는 데에도 필요하다.

체온 조절, 신체 보호, 윤활제 역할을 한다

수분은 몸에서 발생한 열을 땀이나 폐를 통해 몸 밖으로 발산시켜 체온을 조절한다. 또 안구액, 타액, 소화액, 소화기와 호흡기의 점액, 관절액 등의 주요 성분인 물은 윤활제 역할을 한다. 안구액은 안구 운동을 원활하게 하고, 침(타액)은 음식물을 부드럽게 삼키도록 하며, 소화액은 음식물의 소화를 돕고, 점액은 점막을 부드럽게 해 주며, 관절액은 골격과 골격 사이의 마찰을 줄여 잘 움직일 수 있게 한다. 수분은 또한 외부 충격으로부터 신체를 보호하는데, 뇌척수액은 뇌와 척수를, 안구액은 눈의 수정체를, 관절액은 관절을 보호하며, 임신부의 양수는 태아를 보호한다. 이 밖에도 수분은 체액의 pH나 삼투압을 일정하게 유지하는 데 중요한 매개체로 작용한다.

🌓 섭취량이 부족하면 어떤 증상이 생길까?

탈수는 체내 수분이 지나치게 손실되는 현상으로, 출혈, 설사나 구토를 계속 하거나 땀을 너무 많이 흘릴 때 나타난다. 체내 총수분량의 2 % 가 손실되면 갈증을 느끼며, 물을 섭취하면 곧 회복된다. 체내 총수분량의 4 % 가 손실되면 근육 강도가 떨어져 근육 피로를 느끼고 지구력이 떨어지며, 12 % 가 손실되면 외부의 높은 온도에 적응하는 능력이 떨어져 무기력해지는데, 이때는 물 섭취만으로 수분 평형을 회복하기 어렵다. 그리고 체내 총수분량의 20 % 이상이 손실되면 생명을 잃을 수 있다. 심각한 탈수 증세를 겪게 되면 수분 평형이 회복되어도 탈수 중 축적된 노폐물로 인해 신장이 손상될 수 있다.

체내 수분이 체중의 2 % 정도가 탈수되어도 운동 수행 능력이 감소하여 운동 선수들의 경우 격렬한 운동을 할 때 지구력이 감소하고 피로도가 높아진다. 선수가 아니더라도 경미한 탈수 상태는 생리 기능, 인지 기능, 수행력 등에 영향을 미친다.

⚪ 너무 많이 섭취하면 어떤 증상이 생길까?

우리 몸에 수분이 너무 많으면 세포 외액의 이온 농도가 낮아져 세포 내액의 칼륨이 세포 외액으로 이동하거나, 수분이 세포 내액으로 들어가게 되어 근육 경련과 혈압 저하 현상이 나타난다. 또 수분 섭취량이 수분 배설량보다 많아 체내 수분이 과잉 상태가 되면 저나트륨혈증과 두통, 구토, 발한, 주의력 저하, 경련, 혼수가 나타난다. 이러한 상태는 정상적인 건강 상태에서는 일어나지 않으며, 설사나 구토 후 또는 외과 수술 후에 소금을 공급하지 않고 수분만을 대량 공급할 때 일어난다.

하루에 필요한 6~8컵의 물을 마시려면 갈증이 날 때 물을 마시는 것으로는 부족하다. 특히 기후가 건조하거나, 어린이나 노인은 갈증을 잘 느끼지 못할 수 있다. 그러므로 갈증을 느끼지 않더라도 물을 자주 마시는 습관을 기른다.

도움 요인

- 일어나자마자 물 한 컵을 마신다.
- 물은 식사와 식사 사이에 30분 정도 간격으로 마시며, 3분 정도 천천히 마시는 것이 좋다.
- 물을 마시기가 힘들면 레몬이나 딸기와 같은 과일을 띄워 향을 우려내어 마신다.

방해 요인

- 채소나 과일에 함유된 물은 식품 속의 성분과 유기적으로 결합되어 있어 씹는 과정에서 침과 섞여 흡수되기 쉽지만, 물 자체는 음식과 달리 씹히지 않아 물을 자주 많이 마시면 오히려 위장에 부담을 줄 수 있다.
- 장거리 비행기 여행을 하는 사람은 탈수 현상이 나타나기 쉬우므로 물을 자주 섭취해야 한다.

 더 알아보기

세포 내액과 세포 외액

우리 몸에 있는 수분은 세포막을 기준으로 세포 내액과 세포 외액으로 나눌 수 있다. 세포 내액은 세포 내부에 있는 수분으로 총수분량의 2/3를 차지하며, 세포 외액은 세포 외부에 있는 수분으로 혈액, 세포와 세포 사이의 세포 간질액, 림프액, 세포 횡단액이 있으며, 총수분량의 1/3을 차지한다. 세포 외액의 약 20 %는 혈액, 약 80 %는 세포 간질액이고, 그 밖에 림프액과 세포 횡단액은 매우 적다. 세포 횡단액으로는 뇌척수액, 안구액, 소화액, 복강액, 관절액, 양수 등이 있다.

어떤 식품에 많이 들어 있을까?

　수분을 함유하지 않은 식품은 거의 없으며 조리 과정에서 수분이 첨가되므로 물 등의 액체 이외에 음식을 통해 섭취하는 수분량도 많다. 그러므로 수분은 액체의 충분 섭취량뿐 아니라 액체와 음식을 통해 섭취하는 총수분의 충분 섭취량도 설정되어 있다. 우리나라는 아직 수분의 필요량을 측정할 수 있는 과학적 근거가 부족하여 권장 섭취량 대신 충분 섭취량이 설정되어 있다.

수분을 많이 함유한 식품 예(1회 분량)		
• 캔커피(100 g) 91 g	• 우유(200 g) 175 g	
• 두유(200 g) 173 g	• 탄산음료(콜라, 100 g) 91 g	
• 오렌지주스(100 g) 88 g	• 수박(150 g) 137 g	
• 배(100 g) 87 g	• 귤(100 g) 89 g	
• 오이(70 g) 67 g	• 토마토(70 g) 66 g	

💧 수분 하루 충분 섭취량

(단위: mL)

연령(세)	남자		여자	
	액체	총수분	액체	총수분
3~5	1100	1500	1100	1500
6~8	900	1800	900	1700
9~11	1000	2100	900	1900
12~14	1000	2300	900	2000
15~18	1200	2600	900	2000
19~29	1200	2600	1000	2100
30~49	1200	2500	1000	2100
50~64	1000	2200	900	1900
65 이상	1000	2100	900	1800

운동할 때 수분 보충은 필수

운동을 하지 않아도 수분 보충은 필요하지만 특히 운동할 때에는 수분을 충분히 보충해 주어야 한다. 운동 중에는 수분과 전해질이 몸 밖으로 빠져나가므로 탈수를 예방하고, 에너지를 원활하게 합성하기 위해 지속적인 수분 보충을 해 주어야 한다. 운동할 때 수분을 보충하는 방법은 운동 전후에 따라 다르다. 운동하기 직전에 수분을 너무 많이 섭취하면 위가 팽만하여 거북함을 느끼게 되므로 운동하기 30분∼1시간 전에 300∼500 mL 정도 수분을 섭취한다. 운동 중에는 한 번에 많은 양을 마시지 말고, 150∼200 mL 정도를 15∼20분마다 규칙적으로 천천히 마시는 것이 좋으며, 체온보다 차가운 물을 마시면 흡수가 빠르고 체온을 식히는 데도 도움이 된다. 운동 중에 수분을 지나치게 많이 섭취하면 위장에 부담을 줄 뿐 아니라 혈중 나트륨 농도가 낮아져 두통, 호흡 곤란, 현기증, 구토, 근육 경련 등을 일으킬 수 있다. 운동 후에는 손실된 많은 양의 수분과 전해질을 보충하기 위해 충분한 양의 물을 마시면 된다. 장시간 운동하였을 때에는 물과 함께 스포츠 음료나 과일을 섭취하여 운동 중에 손실된 당이나 전해질 등을 보충해 준다.

2장 식품첨가물 제대로 알기

　식품첨가물은 빵을 부풀게 하고, 우유에 바나나 향이 나게 하며, 먹음직스런 햄의 색깔을 내고, 우유와 향미 물질, 유지방이 어우러져 부드러운 촉감의 아이스크림을 만들어 주며, 아기에게 부족하기 쉬운 영양소가 골고루 들어간 분유를 만들 수 있게 하는 등 오감을 만족시키는 다양한 식품을 즐길 수 있게 한다. 식품첨가물은 안전성 평가를 거쳐 인체에 해가 없는 것들만 사용이 허가되고 있으며, 종류에 따라 1일 섭취 허용량 및 가공식품별 사용 기준을 정하여 안전성을 평가하고 있다.

우리가 섭취한 식품첨가물은 체내에서 빠르게 대사되어 소변 등을 통해 배출된다. 그러나 가공식품을 많이 섭취하게 되면 가공 과정 중에 자연식품에 함유된 생리 활성 성분들이 손실될 수 있으며, 나트륨이나 당, 지방 함량이 높아 영양 불균형이 되어 생활 습관병에 걸리기 쉽다. 따라서 가공식품의 포장지에 적힌 영양 성분 표시를 확인하여 식품을 선택하면 좋다. 또한 원재료 및 함량 표시를 확인하여 어떤 식품첨가물이 사용되었는지 확인하도록 한다.

식품첨가물

식품첨가물이란

식품첨가물(food additives)은 식품의 부패나 변색을 막아 오래 저장할 수 있게 하고, 맛과 향 및 색깔을 좋게 하며, 영양을 높이고, 새로운 식감을 느끼게 해 주는 등 식품의 안전성과 품질을 개선하기 위해 식품을 제조, 가공하는 과정에서 사용하는 유용한 물질이다. 식품첨가물은 역할에 따라 크게 다음과 같이 나눌 수 있다.

오랫동안 안전하게 먹을 수 있게 한다. ➡ 보존료, 산화방지제

맛, 향, 색깔을 좋게 한다. ➡ 감미료, 향료, 착색료

영양을 높여 준다. ➡ 영양강화제

맛있는 식감을 갖게 한다. ➡ 팽창제, 증점제, 유화제

식품첨가물의 안전성

식품첨가물은 국제 기준에 따라 철저한 독성 시험을 거쳐 안전한 것들만 허용되어 사용된다. 식품첨가물의 안전성에 관한 자료는 독성에 관한 자료, 체내 동태에 관한 자료, 1일 섭취량에 관한 자료가 제출되어야 한다. 독성에 관한 자료는 반복 투여 독성 시험, 생식·발생 독성 시험, 유전 독성 시험, 면역 독성 시험, 발암성 시험, 일반 약리 시험의 자료가 있다. 이러한 자료를 바탕으로 '식품의약품안전처'에서 인허가 및 관리를 담당하고 있다.

식품첨가물의 1일 섭취 허용량과 사용 기준

식품첨가물은 종류에 따라 안전을 위해 섭취량을 제한할 필요가 있을 경우 1일 섭취 허용량(ADI; Acceptable Daily Intake)을 정하여 관리하고 있다. 1일 섭취 허용량은 동물 실험을 통해 동물들이 평생 먹어도 안전한 양을 찾아내고, 사람에게는 안전 계수 100을 적용하여 그 양의 1/100 수준으로 섭취하도록 설정한 양이다. 보통 체중 1kg당 해당 식품첨가물의 양(mg/kg)으로 나타낸다. 1일 섭취 허용량은 경우에 따라 다음과 같이 구분하여 제시되기도 한다.

- not limited: 1일 섭취 상한선을 정하지 않을 정도로 안전하다.
- not specified: 식품첨가물 사용에 따른 하루 총섭취량이 인체에 해가 없기 때문에 별도로 ADI를 정하지 않는다.
- No ADI necessary: ADI를 설정할 필요가 없을 정도로 안전하다.
- acceptable: 현재 식품첨가물로 사용할 수 있으나 추후 실험 결과에 따라 ADI가 설정될 수도 있다.

식품첨가물을 사용할 때에는 다음의 4가지 사용 기준을 따라야 한다.
- <u>최소량 사용 원칙</u>: 식품첨가물의 양은 물리적, 영양학적 또는 기타 기술적 효과를 달성하는 데 필요한 최소량을 사용하여야 한다.

- 은폐 목적 차단: 식품첨가물은 식품 제조·가공 과정 중 결함 있는 원재료나 비위생적인 제조 방법을 은폐하기 위하여 사용되어서는 안 된다.
- 영양 균형 유지: 영양강화제는 식품의 영양학적 품질을 유지하거나 개선시키는 데 사용되어야 하며, 영양소의 과잉·불균형을 일으켜서는 안 된다.
- 국제적 용도 정당성 인정: 정해진 주 용도 외에 국제적으로 다른 용도로 기술 효과가 입증되어 사용의 정당성이 인정되면 해당 용도로 사용할 수 있다.

식품첨가물의 분류

우리나라는 현재 감미료, 보존료, 향미증진제 등 사용 목적을 명확히 하기 위하여 용도에 따라 다음과 같이 31가지로 구분하여 총 600여 종의 식품첨가물 사용이 허가되어 있다.

구분	용도
감미료	식품에 단맛을 내기 위하여 사용함. 예 수크랄로스, 사카린나트륨, 아스파탐 등
고결방지제	식품의 입자 등이 서로 달라붙어 고형화되는 것을 감소시킴. 예 규산마그네슘, 규산칼슘, 결정셀룰로오스 등
거품제거제	식품의 거품 생성을 방지하거나 감소시킴. 예 올레인산, 라우린산, 옥시스테아린 등
껌기초제	적당한 점성과 탄력성이 있는 비영양성의 씹는 물질. 껌 제조의 기초 원료 예 검레진, 폴리부텐, 글리세린지방산 에스터 등
밀가루 개량제	밀가루나 반죽에 첨가하여 제빵 품질이나 색깔을 더 좋게 함. 예 과산화벤조일, 과황산암모늄 등
발색제	식품의 색소와 결합하여 색을 안정시키거나 유지, 강화시킴. 예 아질산나트륨, 질산나트륨, 질산칼륨 등
보존료	미생물에 의한 품질 저하를 방지하여 식품의 보존 기간을 연장시킴. 예 소브산, 안식향산(벤조산), 프로피온산 등
분사제	용기에서 식품을 방출시키는 가스 식품첨가물 예 산소, 아산화질소, 이산화탄소 등
산도조절제	미생물의 증식을 억제하기 위해 식품의 산도 또는 알칼리도를 조절함. 예 수산화나트륨, 황산 등
산화방지제	산화에 의한 식품의 품질 저하를 방지함. 예 BHT, EDTA2나트륨, TBHQ 등

구분	용도
살균제	식품 표면의 미생물을 단시간 내에 없애 버림. 예 오존수, 이산화염소, 차아염소산나트륨 등
습윤제	식품이 건조되는 것을 방지함. 예 글리세린, 락티톨, 만니톨 등
안정제	두 가지 그 이상의 성분을 일정한 분산 형태로 유지함. 예 가티검, 결정셀룰로오스 등
여과보조제	불순물 또는 미세한 입자를 흡착하여 제거하기 위해 사용함. 예 탤크, 퍼라이트 등
영양강화제	식품의 영양학적 품질을 유지하기 위해 식품에 부족한 영양소나 가공 과정에서 손실된 영양소를 보충, 강화함. 예 비타민, 무기질, 아미노산 등
유화제	물과 기름 등 섞이지 않는 두 가지 또는 그 이상의 물질을 균질하게 섞어 주거나 유지함. 예 글리세린지방산 에스터, 레시틴, 카세인 등
이형제	식품의 형태를 유지하기 위해 원료가 용기에 붙는 것을 방지하여 분리하기 쉽도록 도와줌. 예 유동 파라핀, 피마자유 등
응고제	식품 성분을 결착 또는 응고시키거나, 과일 및 채소류의 조직을 단단하거나 바삭하게 유지함. 예 염화마그네슘, 황산마그네슘, 글루코노-δ-락톤 등
제조용제	식품의 제조·가공 시 촉매, 침전, 분해, 청징 등의 역할을 하는 보조제 식품첨가물 예 과산화수소, 라우린산, 메톡사이드나트륨 등
젤형성제	젤(gel)을 형성하여 식품에 물성을 줌. 예 염화칼륨, 젤라틴 등
증점제	식품의 점도를 증가시킴. 예 구아검, 펙틴, 로커스트빈검 등
착색료	식품에 색깔을 띠게 하거나 복원시킴. 예 캐러멜 색소, 식용 색소 황색 제4호 등
추출용제	유용한 성분 등을 추출하거나 용해시킴. 예 메틸알코올, 부탄, 아세톤 등
충전제	식품이 산화하거나 부패하는 것을 막기 위해 식품을 제조할 때 포장 용기에 의도적으로 넣는 가스 식품첨가물 예 질소, 아산화질소, 이산화탄소 등
팽창제	가스를 발생시켜 반죽의 부피를 증가시킴. 예 탄산나트륨, 탄산수소나트륨 등
표백제	식품의 색깔을 제거하기 위해 사용함. 예 아황산나트륨, 무수아황산 등
표면처리제	식품 표면을 매끄럽게 하거나 정돈하기 위해 사용함. 예 탤크
피막제	식품 표면에 광택을 내거나 보호막을 형성함. 예 담마검, 몰포린지방산염, 밀랍 등
향료	식품에 특유한 향이 나게 하거나 제조 과정에서 손실된 식품 본래의 향을 보충하기 위해 사용함. 예 바닐라 향, 딸기 향, 레몬 정유 등
향미증진제	식품의 맛과 향을 좋게 함. 예 글루탐산, 글루탐산나트륨(MSG), 핵산류 등
효소제	특정한 생화학 반응의 촉매로 작용함. 예 누룩, β-글루카나아제, α-글루코시다아제 등

〈자료: 식품의약품안전처(2016). 식품첨가물 분류 체계, 이렇게 달라집니다.〉

균형 잡힌 식생활의 중요성

가공식품에 들어 있는 식품첨가물은 보통 1일 섭취 허용량에 비하여 그 사용량이 매우 적어 안전하다고 할 수 있지만, 그렇다고 가공식품을 안심하고 많이 먹으라는 뜻은 아니다. 가공식품을 많이 섭취하게 되면 가공하는 과정 중에 자연식품에 들어 있던 생리 활성 성분들이 제거되거나 손실될 수도 있고 대부분 나트륨, 당, 지방 함량이 높아 영양 불균형이 되어 생활 습관병에 걸리기 쉽다. 따라서 다양한 종류의 식품을 골고루 먹는 균형 잡힌 식사로 건강한 식생활을 실천하여야 한다.

식품첨가물에 대한 오해

일부 사람들은 식품첨가물을 가장 식생활을 위협하는 독성 화학 물질로 인식하거나, 몸에 쌓여 암이나 아토피 등 질병을 일으킨다고 우려하고 있다. 그러나 이는 무분별하게 불안감만 야기하는 대중 매체의 불균형한 정보 전달에 따른 결과이기도 하다. 식품첨가물뿐만 아니라 우리가 섭취하는 모든 식품은 화학 물질로 구성되어 있다. 우리의 식생활을 보다 풍요롭고 안전하게 하기 위해 많은 물질 중에서 식품첨가물로 사용할 수 있는 유용한 것들을 찾아내고 심도 있는 안전성 평가를 거친 뒤, 다양한 가공식품 제조에 사용하는 것이다. 즉 식품첨가물로 사용되고 있는 것은 이미 안전성이 확인된 물질이므로 불안해하지 않아도 된다.

식품첨가물 확인하기

가공식품에 사용된 식품첨가물은 '식품 표시' 면의 '원재료명 및 함량' 항목에 이름과 용도를 표시하게 되어 있다. 식품 표시는 식품의 제품명, 제조 회사, 식품의 원재료 및 함량, 제조 일자 및 유통 기한, 영양 성분 표시, 취급 시 주의 사항 등을 제품의 포장이나 용기에 표시한 것이다. 안전하고 건강에 도움이 되는 가공식품을 선택하기 위해서는 식품 표시 내용을 꼼꼼하게 확인하고 구입한다.

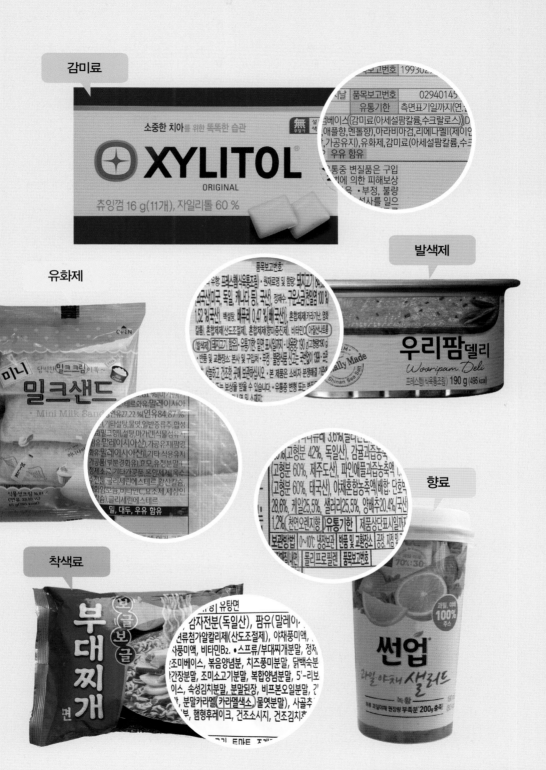

감미료

발색제

유화제

향료

착색료

감미료

식품에 단맛을 낸다

감미료는 식품에 단맛을 내기 위해 사용되는 식품첨가물로, 음료수, 빵, 과자를 비롯하여 껌, 잼, 농축 과채즙, 복합 조미 식품, 치즈, 시리얼류, 당류 가공품, 술, 아이스크림, 건강 기능 식품 등 다양한 식품에 널리 사용된다. 감미료 중에는 자일리톨, 소비톨처럼 설탕이나 꿀과 비슷한 단맛을 내는 것도 있으며, 매우 적은 양을 사용하여 설탕의 수백 배 이상 단맛을 내는 것들도 있다. 감미료들은 대부분 칼로리가 낮거나 없는 비영양 감미료이므로 다이어트용 저칼로리 식품에 활용할 수 있고, 또한 설탕 대신 사용하였을 때 치아 우식을 막을 수 있는 장점이 있다.

감미료의 종류에는 어떤 것이 있을까?

감미료는 합성 감미료와 천연 감미료로 나눌 수 있다. 합성 감미료에는 수크랄로스, 사카린나트륨, 아스파탐, 아세설팜칼륨 등이 있으며, 천연 감미료에는 설탕, 꿀, 시럽, 엿 등이 있다. 또한 천연 감미료보다 단맛이 높거나 청량감을 주는 감미료들이 천연 식품에서 추출되거나 가공을 거쳐 만들어지는데, 자일리톨, 소비톨 등과 같은 당알코올류, 스테비오사이드, 감초 추출물 등이 이에 속한다.

수크랄로스(sucralose)

설탕의 수산기(-OH) 3개를 염소(Cl)로 치환하여 만든 감미료로, 설탕보다 600배 정도의 단맛을 내지만 칼로리가 없다. 설탕과 유사한 고품질의 단맛을 내고 뒷맛도 상쾌하며, 열에도 강해 제과, 제빵, 빙과 등 여러 식품에 사용된다. 다른 감미료와 혼합하여 사용하면 단점을 보완하고 단맛을 높이는 효과가 있다.

사카린나트륨(sodium saccharin)

설탕의 300배 정도의 단맛을 낸다. 쥐를 이용한 실험 결과 발암이 의심되어 한때 사용이 중단되었으나, 현재 인체에 무해하다고 인정되어 90개국 이상에서 사용되고 있다. 김치, 절임, 뻥튀기, 시리얼류, 잼류, 과자류 등에 사용된다.

아스파탐(aspartame)

아스파트산과 페닐알라닌이라는 두 개의 아미노산이 결합된 펩타이드로 설탕의 200배 정도의 단맛을 내며, 가장 광범위한 안전성 연구가 이루어져 시판되고 있다. 열에 약해 음료수에 많이 사용된다.

아세설팜칼륨(acesulfame potassium)

설탕의 200배 정도의 단맛을 내지만, 칼로리가 없다. 식품의 가공, 저장 시 매우 안정되어 껌, 음료수, 술, 초콜릿 등 다양한 식품에 널리 사용된다. 체내에서 대사되지 않고 배출된다.

자일리톨(xylitol)

자작나무, 떡갈나무, 옥수수, 벚나무, 채소, 과일 등 식물성 식품에 들어 있는 자일란(xylan)을 원료로 만든 당알코올류이다.

소비톨(sorbitol)

당알코올의 일종으로 설탕보다 칼로리가 적어 설탕 대신 단맛을 내는 데 사용된다. 수분을 끌어당기는 보습 효과가 있어 화장품이나 치약이 굳는 것을 막아 주기도 하며, 의약품으로는 당뇨병 환자의 감미제로 사용된다.

스테비오사이드(stevioside)

　남아메리카 원산 국화과 허브 식물인 스테비아(stevia) 잎에서 추출한 감미료로, 설탕의 300배 이상의 단맛을 내며, 음료나 술 등에 사용된다.

감초 추출물

　감초 정제물과 감초 조제물로 구분되며, 설탕의 200배 정도의 단맛을 낸다. 감초 또는 동속 식물의 뿌리 및 줄기를 추출하여 농축한 것으로 단맛을 내는 주성분은 글리실리진산이다. 글리실리진산은 된장, 간장 등의 장류에 사용된다.

건강 정보
아스파탐 식품 표시를 꼭 확인해야 할 환자

　페닐케톤뇨증 환자는 아스파탐이 우리 몸에서 분해될 때 생성되는 페닐알라닌의 대사에 필요한 효소가 선천적으로 결핍되어 있기 때문에 아스파탐을 지나치게 많이 섭취하면 대사가 되지 못한 페닐알라닌이 혈액 및 조직 중에 쌓이게 되어 문제를 일으킬 수 있다. 페닐케톤뇨증은 치료를 제대로 받지 못하면 지능 장애, 연한 담갈색 피부와 모발, 경련 등이 발생하게 된다. 페닐케톤뇨증 환자는 아스파탐 식품 표시를 꼭 확인하여야 한다.

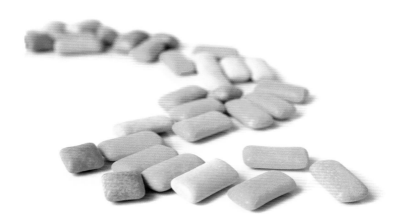

고결방지제
식품의 고형화를 감소시킨다

고결방지제는 식품의 입자 등이 서로 달라붙어 고형화되는 것을 막는 식품첨가물로, 소금, 분말 유크림, 분유류 등 분말 식품에 주로 사용된다. 흡습성이 있는 분말이나 입자로 된 식품은 습도가 높으면 수분을 흡수하여 덩어리지거나 잘 풀리지 않게 된다. 고결방지제는 여분의 수분을 흡수하거나 분말 입자를 코팅하여 서로 엉기지 않도록 해 주는 특징이 있다.

고결방지제의 종류에는 어떤 것이 있을까?

고결방지제의 종류에는 규산마그네슘, 규산칼슘, 결정셀룰로오스, 실리코알루민산나트륨, 이산화규소, 페로사이안화나트륨, 페로사이안화칼륨, 페로사이안화칼슘 등이 있다. 고결방지제는 유럽연합, 미국, 일본 등에서도 대부분 허용하고 있으나, 미국은 페로사이안화칼륨과 페로사이안화칼슘을, 일본은 실리코알루민산나트륨을 미지정한 상태이다.

규산마그네슘(magnesium silicate)

산화마그네슘과 이산화규소가 결합된 형태로, 냄새와 맛이 없는 흰색 가루이다. 1일 섭취 허용량은 정해져 있지 않으며, 사용 기준은 자동판매기용 분말 유크림·분유류에 1% 이하, 식염에 2% 이하이다.

규산칼슘(calcium silicate)

산화칼슘과 이산화규소가 결합된 형태로, 흡습성이 강한 흰색 또는 회색 가루로, 사용 기준은 자동판매기용 분말 유크림·분유류에 1% 이하, 식염에 2% 이하이다.

결정셀룰로오스(microcrystalline cellulose)

펄프에서 얻어지며, 냄새가 없는 흰색 결정성 가루이다. 셀룰로오스는 구조 자체가 수산기를 많이 가지고 있어 주변의 수분과 결합하여 분말 식품이 굳는 것을 방지한다.

페로사이안화나트륨(sodium ferrocyanide)

노란색의 결정 또는 가루의 형태이다. 1일 섭취 허용량이 0~0.025 mg/kg으로 설정되어 있어 기준에 맞게 사용하여야 하며, 식염에만 사용할 수 있다.

발색제
식품의 색을 유지, 강화시킨다

발색제는 식품의 색소와 결합하여 색을 안정시키거나 유지 또는 강화시키는 식품첨가물로, 햄, 소시지, 베이컨 등의 가공육 제품에 주로 사용된다. 서양에서는 수백 년 전부터 육류의 숙성과 보존을 위해 아질산염이라는 발색제를 사용하였다. 육류는 혈색소인 헤모글로빈과 근육 색소인 미오글로빈이 들어 있어 선홍색을 띤다. 그런데 이 색소는 산화하면 메트헤모글로빈이나 메트미오글로빈이 되어 갈색으로 변하는데, 발색제를 첨가하면 아질산이 분해되어 생성된 산화질소가 헤모글로빈이나 미오글로빈과 결합하여 나이트로소헤모글로빈 또는 나이트로소미오글로빈을 형성하여 선홍색이 유지되도록 한다. 또 아질산염은 식중독균인 보툴리누스균(*Clostridium botulinum*)의 성장을 억제하여 보존료로서의 역할도 하며 가공육의 풍미도 높여 준다.

발색제의 종류에는 어떤 것이 있을까?

발색제의 종류에는 아질산나트륨, 질산나트륨, 질산칼륨 등이 있다. 햄, 소시지와 같은 식육 가공품에 주로 사용되며, 신선육의 신선도를 속이기 위해 사용하면 안 된다. 발색제 성분은 우리 몸에 흡수되면 체내에서 빠르게 대사되어 소변을 통해 배출되어 축적되지 않는다.

아질산나트륨(sodium nitrite)

흰색 또는 연한 노란색을 띠는 결정성 가루 또는 알갱이로, 1일 섭취 허용량이 0~0.06 mg/kg으로 매우 낮게 설정되어 안전성 관리가 철저한 편이다. 국제식품규격위원회(Codex)에서는 3개월 이하 영아에게 사용하지 말도록 명시하고 있다. 햄, 소시지와 같은 식육 가공품, 명란젓, 연어알젓 등에 사용된다.

질산나트륨(sodium nitrate)

무색 또는 흰색의 결정성 가루로, 냄새가 없다. 1일 섭취 허용량은 0~0.06 mg/kg으로 3개월 이하 영아에게 사용하면 안 된다. 햄, 소시지 등 식육 가공품과 자연 치즈, 가공 치즈 등에 사용된다.

질산칼륨(potassium nitrate)

무색 또는 흰색의 결정성 가루이며, 냄새가 없다. 1일 섭취 허용량은 0~0.06 mg/kg이다. 다양한 식육 가공품, 고래고기 제품, 가공 치즈, 대구알 염장품에 사용된다.

 건강 정보

아질산과 메트헤모글로빈혈증의 관계

혈액에는 산소를 운반하는 헤모글로빈이 있다. 아질산을 과다하게 섭취하면 헤모글로빈과 반응하여 메트헤모글로빈을 형성함으로써 우리 몸에 산소를 운반하지 못하게 한다. 따라서 청색증, 빈혈, 저혈압 등이 나타날 수 있다. 그러나 국제식품첨가물전문가위원회(JECFA)의 안전성 보고서에 따르면, 성인(60 kg)에게 1일 섭취 허용량의 70배 이상인 290~370 mg의 아질산나트륨을 투여했을 때 실험 참가자의 11%만이 가벼운 증상을 나타냈기 때문에 안전성이 입증되었고 무엇보다 일상생활에서 그렇게 많은 아질산나트륨에 노출되는 것은 현실적으로 불가능하다고 결론지었다.

보존료

미생물의 증식을 막아 식품의 보존성을 높인다

보존료는 미생물에 의한 품질 저하를 방지하여 식품의 보존 기간을 연장시키는 식품첨가물로, 햄이나 소시지, 음료, 빵, 케이크, 치즈, 버터, 마가린 등에 주로 사용된다. 보존료를 사용함으로써 식품에 미생물이 증식하는 것을 방지하여 식품의 부패를 막고 식중독을 예방하며, 식품을 오래 보존할 수 있다. 보존료는 곰팡이, 효모, 세균 등 식품의 부패와 변질을 일으키는 미생물의 발육을 억제하는 항균력 때문에 그 작용을 나타낸다.

보존료의 종류에는 어떤 것이 있을까?

일반적으로 보존료는 위험한 화학 물질로 여겨지는데, 음료에 많이 사용하는 안식향산은 아미노산의 일종인 페닐알라닌으로부터 만들어진다. 보존료의 종류에는 소브산, 안식향산, 프로피온산, 니신 등이 있다.

➕ 지식 플러스

보존료의 조건

• 사용 방법이 간단해야 하고, 사용 수준에서 독성이 없어야 한다.
• 다양한 미생물에 효과가 있어야 한다.
• 적은 양으로도 보존 효과가 확실하고 오래 지속되어야 한다.

소브산(sorbic acid) 및 그 염류

소브산, 소브산칼륨, 소브산칼슘이 있으며, 살모넬라균, 보툴리누스균, 황색 포도상구균이 자라는 것을 막는다. 치즈, 식육 가공품, 콜라젠 케이싱, 젓갈류, 알로에전잎 건강 기능 식품, 농축 과실즙, 잼류, 건조 과실류, 토마토케첩, 당절임, 식초 절임, 발효 음료류, 과실주 등에 사용된다. 1일 섭취 허용량은 0~25 mg/kg이다.

안식향산(benzoic acid) 및 그 염류

안식향산, 안식향산나트륨, 안식향산칼륨, 안식향산칼슘이 있다. 안식향산(벤조산)은 사과, 계피, 딸기 등 자연식품에도 들어 있는 물질이다. 안식향산은 그람 양성균, 그람 음성균, 효모, 곰팡이 등 넓은 범위의 미생물에 항균 효과를 나타내는데, 산성(pH 4.5 이하)에서 효과적이다. 안식향산은 체내에 축적되지 않고 바로 배설된다.

파라옥시안식향산류(paraoxybenzoate)

파라옥시안식향산메틸과 파라옥시안식향산에틸이 있다. 1일 섭취 허용량은 10 mg/kg이며, 주로 절임류, 간장, 소스류에 사용된다.

프로피온산(propionic acid) 및 그 염류

프로피온산, 프로피온산나트륨, 프로피온산칼슘 등이 있다. 프로피온산은 1일 섭취 허용량이 'not limited'로 안전하다. 빵류, 치즈, 잼류에 사용된다.

니신(nisin)

세균(*Lactococcus lactis*)이 생산한 항균 물질로서 박테리오신의 일종이며, 폴리펩타이드와 염화나트륨이 혼합된 화합물이다. 주 폴리펩타이드는 니신 A로 34개의 아미노산으로 구성되어 있다. 그람 양성균을 비롯해 광범위한 균에 항균 작용을 나타낸다. 가공 치즈에 사용할 수 있으며(치즈 1 kg에 0.25 g 이하), 1일 섭취 허용량은 0~2 mg/kg이다.

안식향산이 비타민 C와 만나면?

비타민 C가 들어 있는 음료수에 보존료인 안식향산(benzoic acid)이 함께 들어 있을 경우 화학 반응이 일어나 발암 물질인 벤젠(benzene)이 형성될 수 있다. 음료수 중 제품 원료에 있는 구리나 철과 같은 금속 촉매에 의해 비타민 C가 산화되어 산소를 환원시키고, 초과산화물 음이온 라디칼을 형성하여 과산화수소를 생성할 수 있는데, 안식향산은 과산화수소 및 산소로부터 형성된 하이드록실 라디칼에 의해 벤젠을 형성할 수 있다. 따라서 음료수의 벤젠의 양을 먹는 물 수질 기준인 10 ppb로 정해 놓았으며, 보통 비타민 C 음료는 안식향산나트륨 대신 천연 보존료를 사용하거나 살균 과정을 거친다.

자몽 종자 추출물

자몽 종자 추출물은 자몽의 종자를 물, 알코올 또는 글리세린으로 추출하여 얻어지는데, 그 성분은 지방산, 플라보노이드 등이다. 자몽 종자 추출물은 약간 쓴맛이 나는 가루 또는 액체로, 항균력이 있어 우리나라, 미국, 일본에서 보존료로 허용되어 있다. 자몽 종자 추출물의 항균력은 항균 성분의 일종인 벤저토늄클로라이드(benzethonium chloride), 트리클로산(triclosan), 메틸파라벤(methylparaben) 때문인 것으로 보고되고 있다.

산화방지제

식품의 산화를 막는다

  산화방지제는 식품이 산화되어 품질이 저하되는 것을 방지하는 식품첨가물로, 껌, 식용유, 마요네즈, 와인, 건조 과실류, 음료류, 통조림 식품, 드레싱류, 소스류 등에 사용된다. 오래된 기름 등에서는 불쾌한 냄새가 나는데, 이는 지방을 함유하고 있는 식품이 공기 중의 산소와 결합하여 산화가 일어나 변질되었기 때문이다.

  산화는 자동 산화, 빛을 만나 생기는 광산화, 가열 조리에 의해 생기는 열 산화로 구분되는데, 산소, 빛, 열, 금속 등이 촉매 역할을 한다. 산화방지제는 산화의 촉매 역할을 하는 금속 이온과 결합하여 산화의 시작을 늦추거나 활성 산소(유해 산소)를 제거하여 식품의 산패를 늦춘다.

산화방지제의 종류에는 어떤 것이 있을까?

  산화방지제의 종류에는 BHA, BHT, TBHQ, 비타민 C, 비타민 E, EDTA2나트륨 등이 있는데, 지용성은 유지 함유 식품에 주로 사용되고, 수용성은 색소의 산화 방지에 사용된다. BHA, BHT와 같은 합성 산화방지제와 달리 비타민 E 같은 천연 산화방지제는 가열하면 파괴된다.

BHA(butylated hydroxyanisole)

무색 내지 노란색을 띠는 결정이나 가루로 물에 녹지 않으며, 동물성 기름의 산화 방지에 효과가 크다. 안정성이 크고 가열해도 그 효과가 줄지 않으며 다른 산화방지제와 함께 사용하면 상승 작용을 한다. 1일 섭취 허용량은 0~0.5 mg/kg이다.

BHT(butylated hydroxytoluene)

무색 또는 흰색의 결정이나 가루로 물에 녹지 않으며, 에탄올과 기름에 녹는다. 동물성 기름의 산화 방지에 효과적이며, BHA와 혼용하여 사용하면 상승 효과가 있다. 1일 섭취 허용량은 0~0.3 mg/kg이다. 사용 기준은 식용 유지류, 식용 우지 등에 0.2 g/kg 이하, 껌에 0.4 g/kg 이하, 마요네즈에 0.06 g/kg 이하이다.

TBHQ(tert-butylhydroquinone)

식물성 기름에 잘 작용하여 튀김유 등의 산화방지제로 많이 사용된다. BHA, BHT와 병용하여 사용하며, 1일 섭취 허용량은 0~0.7 mg/kg이다. 병용 사용할 때는 사용량의 합이 각 성분을 단독으로 사용할 때의 허용량을 넘으면 안 된다.

비타민 C(L-ascorbic acid)

비타민 C는 천연 식품에서도 쉽게 발견되는 산화방지제로, 물에 잘 녹고 공기 중의 산소에 의해 쉽게 산화된다. 산화방지제 외에 영양강화제로도 사용되며, 별도의 사용 기준이 없을 정도로 안전하다.

비타민 E(dl-α-tocopherol)

물에 녹지 않으며, 공기와 빛에 노출되면 어두운 색으로 변한다. 1일 섭취 허용량은 0.15~2 mg/kg이다.

EDTA2나트륨(disodium ethylenediaminetetraacetate)

유지의 산화에 영향을 미치는 금속 이온을 봉쇄하여 산화를 방지한다. 1일 섭취 허용량은 0~2.5 mg/kg이며, 드레싱, 소스류, 통조림, 마가린, 초절임 식품 등에 사용된다.

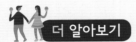 더 알아보기

식품첨가물 안전한 수준에서 섭취하고 있을까?

우리나라는 해마다 식품의약품안전처에서 식품첨가물을 종류별로 안전성 평가를 한다. 산화 방지제를 예로 들어 그 과정을 살펴보면 다음과 같다.

① 산화방지제가 사용될 수 있는 가공식품들을 종류별로 수거, 분석하여 식품별 농도를 구한다.

② 국민 건강 영양 조사 결과를 분석하여 우리나라 사람들이 해당 식품을 얼마나 섭취하는지 구한다.

③ 해당 식품들의 섭취량과 산화방지제의 농도값을 곱해 어느 정도의 산화방지제가 섭취되었는지 계산한다.

④ 산화방지제의 1일 섭취 허용량(ADI)과 비교하여 그 섭취 수준이 어느 정도인지 계산하여 안전성 정도를 평가한다.

이와 같이 계산하여 나온 2015년도 우리나라 사람들의 산화방지제 섭취 수준은 1일 섭취 허용량 대비 0~0.12% 정도인 것으로 나타났다.

살균제
미생물을 단시간에 없애 준다

살균제는 식품 표면의 미생물을 단시간에 사멸시키는 작용을 하는 식품첨가물로, 주로 과실류와 채소류에 사용된다. 보존료가 식품 중의 미생물에 작용하여 증식을 억제하는 정균(靜菌) 작용을 하는 것과 달리 살균제는 짧은 시간에 미생물을 없앤다. 보존료는 가공식품에 함유되어 있지만, 일반적으로 살균제는 과실류나 채소류의 세척 등에 사용되고 다시 맑은 물로 세척함으로써 최종 식품에 남아 있으면 안 된다. 독성이 너무 강하면 식품에 잔류하여 인체에 나쁜 영향을 줄 수 있으므로 살균력이 강하면서도 식품에는 나쁜 영향을 주지 않는 것이 바람직한 살균제이다.

살균제의 종류에는 어떤 것이 있을까?

살균제의 종류에는 오존수, 이산화염소, 차아염소산나트륨 등이 있다.

오존수(ozone water)

오존수는 오존 발생기에서 생성된 오존 기체(O_3)가 녹아 있는 물로, 특유의 냄새가 있다. 과실류, 채소류 등 식품의 살균 목적으로만 사용하여야 하며, 최종 식품에 남아 있으면 안 된다.

이산화염소(chlorine dioxide)

녹황색 기체로 물에 잘 녹으며, 열에 쉽게 분해되어 염소와 산소를 생성한다. 살균제 외에도 강력한 산화력이 있어 밀가루개량제로도 사용된다. 과실류와 채소류 등 식품의 살균 목적으로만 사용하여야 하며, 최종 식품에 남아 있으면 안 된다.

차아염소산나트륨(sodium hypochlorite)

가정에서 빨래나 욕실 청소를 할 때 흔히 사용하고 있는 제품의 주성분이기도 하며, 소금물을 전기 분해하여 얻는다. 무색 또는 엷은 녹황색 액체로 특유의 염소 냄새가 나며, pH가 낮을수록 살균력이 커진다. 과실류나 채소류의 살균 목적 외에는 사용할 수 없고, 참깨에도 사용이 제한되며, 최종 식품에 남아 있으면 안 된다.

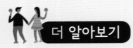 **더 알아보기**

락스를 채소 세척에 사용해도 될까?

락스의 주성분인 차아염소산나트륨(NaClO)은 살균 작용 후에 분해되면서 활성 산소를 발생시키고 바로 소금이 형성되는 반응을 거치게 되어 거의 안전하다고 할 수 있다. 그러나 식품에 사용할 수 있는 식품첨가물용인지 반드시 확인하고 사용하여야 한다. 학교 급식에서는 식중독을 예방하기 위해 잠재적 위험성이 높은 채소나 과일류는 100 ppm 차아염소산나트륨으로 5분간 세척, 소독하고 있다.

영양강화제

식품에 부족한 영양소를 보충한다

영양강화제는 식품의 영양학적 품질을 유지하기 위해 식품에 부족한 특정 영양소를 강화하거나 식품 제조 과정에서 손실된 영양소를 보충하는 식품첨가물로, 시리얼, 조제분유, 영양 강화식품 등에 주로 사용된다.

영양강화제의 종류에는 어떤 것이 있을까?

영양강화제는 손실된 영양소나 부족한 영양소를 강화하는 목적으로 사용되므로 비타민, 무기질, 아미노산류가 주를 이룬다. 비타민은 우리 몸에서 보조 효소, 보조 효소의 전구체, 항산화 물질로 작용하며 활성 산소(유해 산소) 제거 등 다양한 기능을 한다. 아미노산은 신체 단백질을 구성하는 중요한 성분이며, 무기질은 신체 구성 성분이면서 몸에서 일어나는 생리 기능을 조절한다.

비타민류

• 비타민 A: 비타민 A, 베타카로틴, 비타민 A 지방산 에스터 등이 있다. 수산 동물의 신선한 간장, 유문수 등에서 얻은 지방유로, 밀봉 용기에 넣어 질소 가스를 충전하여 보존하여야 한다. 베타카로틴은 영양강화제 외에 착색료로도 사용된다.

- 비타민 B·C 등: 비타민 B_1, 비타민 B_2, 비타민 B_6, 비타민 C, 폴산, 니코틴산 아마이드, 비타민 B_{12}, 바이오틴, 판토텐산나트륨 등
- 비타민 D(비타민 D_2·D_3), 비타민 E(토코페롤·토코트라이엔올류), 비타민 K

아미노산류

우리 몸에서 합성되지 않는 필수 아미노산들은 대부분 영양강화제로 사용된다. 라이신, 발린, 메싸이오닌, 트레오닌, 루신, 아이소루신, 트립토판, 페닐알라닌, 아르지닌, 시스테인 등이 있다.

무기질류

가장 흔한 것은 철과 칼슘이다. 철분제로 구연산철, 구연산철암모늄, 글루콘산철, 인산철, 전해철, 헴철, 환원철 등이 있고, 칼슘 영양강화제로 구연산칼슘, 글루콘산칼슘, 글리세로인산칼슘, 산화칼슘, 수산화칼슘, 염화칼슘, 젖산칼슘 등이 있다. 그 밖에 마그네슘, 아연, 아이오딘, 구리, 망가니즈, 셀레늄, 크로뮴, 몰리브데넘 등의 영양강화제가 있으며, 주로 특수 의료용 식품 및 건강기능 식품에 사용된다.

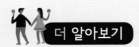 더 알아보기

영양강화제만 먹고 건강할 수 있을까?

지금까지 알려져 있는 영양소는 약 50여 가지이다. 그렇다면 식품을 먹지 않고 영양소만을 조제하여 섭취한다면 과연 건강하게 살 수 있을까? 결론부터 말하면 그렇지 않다. 인체는 영양소 외에 식품으로부터 다양한 영양 물질과 비영양 물질을 얻으며, 비영양 물질이라도 생리 활성을 나타내어 건강을 지켜 주는 다양한 기능이 있기 때문에 식품을 골고루 섭취하여야 한다.

🌱 유화제

섞이지 않는 두 가지 이상의 물질을 섞어 준다

유화제는 물과 기름 등 섞이지 않는 두 가지 또는 그 이상의 물질을 균질하게 섞어 주거나 유지시키는 식품첨가물로, 아이스크림, 마요네즈, 소스류 등에 주로 사용된다. 유화제는 한 분자 안에 극성 부분과 비극성 부분을 동시에 가지고 있어서 물과 기름처럼 서로 성질이 다른 두 가지 물질을 안정된 상태로 유지하게 해 준다.

유화제의 종류에는 어떤 것이 있을까?

유화제의 종류에는 글리세린지방산 에스터 등의 지방 유도체, 알긴산 유도체와 같은 검류(gum), 젤라틴, 카세인과 같은 단백질, 폴리소베이트와 같은 계면활성제 등이 있다.

글리세린지방산 에스터(glycerin esters of fatty acids)

주로 모노글리세라이드와 다이글리세라이드의 형태가 많다. 1일 섭취 허용량은 종류에 따라 설정되어 있는 것과 그렇지 않은 것이 있다.

레시틴(lecithin)

알의 노른자나 유량 종자에서 얻으며, 주성분은 인지질이다. 유제(emulsion)를 쉽게 형성한다. 1일 섭취 허용량은 'not limited'로 안전한 물질이다.

카세인(casein)

카세인, 카세인나트륨, 카세인칼슘이 있다. 카세인은 우유 또는 탈지유의 단백질을 산으로 처리하여 얻은 우유 단백질이다. 카세인은 물에는 녹지 않으나 알칼리에 녹기 때문에 수산화나트륨 또는 수산화칼슘으로 반응시켜 잘 녹게 만든 카세인나트륨이 커피믹스에 사용된다. 1일 섭취 허용량은 'not limited'로 안전한 물질이다.

폴리소베이트(polysorbate)

소비톨과 에틸렌옥사이드의 부분 에스터 혼합물로, 폴리소베이트 20, 60, 65, 80 등 종류가 다양하다. 약간 특이한 냄새가 나며, 불쾌하면서 다소 쓴맛이 있다.

응고제

식품 조직을 단단하게 해 준다

응고제는 식품 성분을 결착 또는 응고시키거나, 과일 및 채소류의 조직을 단단하거나 바삭하게 유지시키는 식품첨가물로, 주로 두부 등에 사용된다.

각종 무기 염류는 두부처럼 식물성 단백질 성분에 첨가되어 반응함으로써 조직을 응고시켜 덩어리를 얻을 수 있도록 해 준다. 사용되는 무기 염류의 종류와 농도에 따라 부드럽거나 단단한 조직을 얻을 수 있다. 두부를 만들 때 응고제로 이용되는 간수는 바닷물로부터 얻은 염화마그네슘이 주성분이지만, 최근에는 황산칼슘 등이 이용된다.

응고제의 종류에는 어떤 것이 있을까?

응고제의 종류에는 염화마그네슘, 황산마그네슘, 염화칼슘, 황산칼슘, 글루코노-δ-락톤, 조제해수염화마그네슘 등이 있다.

염화마그네슘(magnesium chloride)

간수의 주성분이다. 무색 또는 흰색의 가루나 덩어리로, 물에 잘 녹는다. 1일 섭취 허용량은 'not limited'로 안전한 물질이며, 응고제 외에 영양강화제로도 사용된다.

염화칼슘(calcium chloride)

흰색의 결정이나 덩어리로, 물과 에탄올에 잘 녹는다. 염화마그네슘과 같이 응고제 외에 영양강화제로도 사용된다.

글루코노−δ−락톤(glucono−δ−lactone)

두부에 사용되는 응고제 외에 산도조절제와 팽창제로도 사용된다. 콩물에 이 응고제를 0.25~0.3% 정도 첨가하면 균질하게 혼합되어 단단하고 고운 결의 연두부를 얻을 수 있다.

조제해수염화마그네슘

해수 및 염지하수에서 염화칼륨 및 염화나트륨을 분리하여 얻은 것으로, 주성분은 염화마그네슘이다. 두부를 제조할 때 응고제로만 사용할 수 있다.

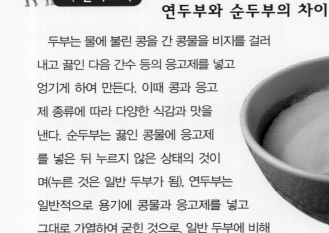

더 알아보기

연두부와 순두부의 차이

두부는 물에 불린 콩을 간 콩물을 비지를 걸러 내고 끓인 다음 간수 등의 응고제를 넣고 엉기게 하여 만든다. 이때 콩과 응고제 종류에 따라 다양한 식감과 맛을 낸다. 순두부는 끓인 콩물에 응고제를 넣은 뒤 누르지 않은 상태의 것이며(누른 것은 일반 두부가 됨), 연두부는 일반적으로 용기에 콩물과 응고제를 넣고 그대로 가열하여 굳힌 것으로, 일반 두부에 비해 조직이 연하다.

증점제

식품의 점도를 높이고 촉감을 좋게 한다

증점제는 식품의 점도를 높여 독특한 탄성과 촉감을 주는 식품첨가물로, 젤리, 푸딩, 발효유 등에 사용된다. 식품첨가물 중에서 검류(gum)라고 부르는 것들이 증점제로 많이 사용되는데, 검류들은 분자 구조 내에 수많은 하이드록실 그룹이 있어 물에 잘 녹고 점성을 띠며 팽윤하여 젤(gel)을 형성한다.

증점제의 종류에는 어떤 것이 있을까?

증점제의 종류에는 구아검, 로커스트빈검, 아라비아검, 펙틴, 덱스트란, 글루코만난, 잔탄검 등 다양한 식물성 고분자 다당류가 있다. 그 밖에 카세인, 키틴 같은 동물성 증점제도 있다.

구아검(guar gum)

콩과 식물인 구아(*Cyamopsis tetragonolobus*)의 종자 배유 부분을 분쇄하여 얻는다. 주로 갈락토만난으로 구성되어 있으며, 만노스와 갈락토스의 비율은 2:1이다. 1일 섭취 허용량은 'not specified'로 안전한 물질이며, 안정제 및 유화제로도 사용된다.

로커스트빈검(locust bean gum)

콩과 식물인 메뚜기콩을 분쇄하여 얻는다. 주성분은 갈락토만난이며 만노스와 갈락토스의 비율은 4 : 1이다. 찬물에서는 일부만 녹고 분산하지만, 80 ℃로 가열하면 완전히 녹아 점조액이 만들어진다. 1일 섭취 허용량은 'not specified'로 안전한 물질이며, 안정제, 유화제로도 사용된다.

아라비아검(arabic gum)

콩과의 교목 아라비아고무나무(*Acacia senegal*) 등에서 얻어지며, 일명 아카시아검이라고도 한다. 다른 검류에 비해 물에 잘 녹으며, 안정제나 유화제로도 사용된다. 1일 섭취 허용량은 'not specified'로 안전한 물질이다.

펙틴(pectin)

감귤류 또는 사과 등을 열수나 산성 수용액으로 처리하여 추출해 얻은 탄수화물 중합체로, 딸기잼을 만들 때 딸기에 들어 있는 펙틴 성분이 있어서 가능한 것과 같은 원리이다. 펙틴의 주성분은 D-갈락투론산이다.

변성 전분(food starch modified)

여러 가지 곡물이나 뿌리줄기에서 얻은 전분을 화학 처리를 통해 구조를 화학적으로 변형시키거나 호화시킨 것으로, 본래 전분의 물리적 특성을 변형시킨 것이다. 산화전분, 아세틸아디프산이전분, 아세틸인산이전분 등이 있다. 찬물에는 녹지 않으나 뜨거운 물에서 점성의 콜로이드 용액을 형성한다. 빠른 시간에 호화가 필요한 즉석 라면 등에 활용된다.

➕ **지식 플러스**

즉석 라면의 비밀

컵라면 등 용기에 담긴 즉석 라면은 뜨거운 물만 붓고 2~3분만 기다리면 먹기 좋게 조리된다. 그 비밀은 변성 전분에 있다. 변성 전분으로 만든 면은 구조가 변형되어 뜨거운 물을 만나면 쉽게 호화되므로 간편하게 먹을 수 있다.

착색료

식품에 색깔을 띠게 한다

착색료는 식품에 색깔을 띠게 하는 식품첨가물이며, 사탕, 과자, 아이스크림, 음료 등에 주로 사용된다. 식품의 다양한 색깔은 식욕을 촉진시킬 뿐 아니라 식품을 선택하는 데에도 중요한 요인으로 작용한다. 가공식품을 제조하는 과정에서 색깔이 변하면 기호성이 감소하기 때문에 이를 복원하거나 새로운 색깔을 띠게 하여 상품성을 높이기 위해 사용하는 것이 착색료, 일명 식용 색소이다.

착색료의 종류에는 어떤 것이 있을까?

착색료는 천연 착색료와 합성 착색료로 나눌 수 있다. 합성 착색료는 과거 종류별로 사용할 수 없는 식품을 기록한 금지 물질 목록으로 관리되어 왔으나, 2015년부터 사용 대상 식품과 사용량을 설정하여 허용 물질 목록으로 관리되고 있다. 합성 착색료는 석유 화학 물질 부산물(tar)로부터 합성한 색소이다. 합성 착색료는 영·유아용 곡류 조제식, 기타 영·유아식, 조제 유류, 영아용 조제식, 성장기용 조제식 등에 사용할 수 없으며, 식품의 결함이 있는 원재료나 비위생적인 제조 방법을 은폐하기 위해서도 사용할 수 없다. 그 예로는 면류, 단무지, 김치, 고춧가루 등을 들 수 있다. 합성 착색료의 종류에는 식용 색소 적색 제2호, 황색 제4호, 녹색 제3호, 청색 제2호 등이 있다.

⬇ 합성 착색료의 종류와 사용 대상 식품

분류	색깔	색소 이름	사용 대상 식품
아조계	적색	식용 색소 적색 제2호 식용 색소 적색 제2호 알루미늄레이크	건과류, 사탕류, 아이스크림류 등
	황색	식용 색소 황색 제4호 식용 색소 황색 제4호 알루미늄레이크	빵 및 떡류, 건과류, 사탕류, 초콜릿류, 껌류, 아이스크림류, 음료류, 캡슐 등
		식용 색소 황색 제5호 식용 색소 황색 제5호 알루미늄레이크	사탕류, 초콜릿류, 껌류, 캡슐 등
크산틴 계	적색	식용 색소 적색 제40호 식용 색소 적색 제40호 알루미늄레이크	빵 및 떡류, 건과류, 사탕류, 초콜릿류, 껌 류, 잼류, 아이스크림류, 음료류, 캡슐 등
		식용 색소 적색 제102호	건과류, 사탕류, 껌류, 음료류 등
트라이 페닐메 테인계	적색	식용 색소 적색 제3호	사탕류, 초콜릿류, 껌류, 캡슐 등
	녹색	식용 색소 녹색 제3호 식용 색소 녹색 제3호 알루미늄레이크	건과류, 음료류, 아이스크림류 등
인디고 이드계	청색	식용 색소 청색 제1호 식용 색소 청색 제1호 알루미늄레이크	빵 및 떡류, 건과류, 사탕류, 초콜릿류, 껌류, 아이스크림류, 음료류, 캡슐 등(녹 색계, 청색계의 식품, 팥색, 검은색, 초 콜릿색 등의 배합에 사용)
		식용 색소 청색 제2호 식용 색소 청색 제2호 알루미늄레이크	과자류, 사탕류, 청량음료 등(초콜릿색, 녹 색, 팥색, 차색, 커피색 등의 배합에 사용)

*알루미늄레이크란 해당 색소를 알루미늄과 반응시켜 지용성으로 만든 것이다.

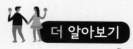 더 알아보기

어린이 기호 식품에 사용할 수 없는 색소

식용 색소 적색 제2호 및 적색 제102호는 어린이 기호 식품에는 사용하지 못하도록 되어 있다. 어린이 기호 식품이란 과자류 중 과자(한과류 제외), 사탕류, 빙과류, 탄산음료류, 혼합 음료, 시리얼류, 빵류, 초콜릿류, 아이스크림류 등이다. 영·유아를 포함한 어린이들은 성장 발육기에 있고 면역 체계가 아직 불완전하기 때문에 식용 색소의 안전성 여부와 상관없이 엄격한 기준을 적용하여 어린이들의 건강과 안전을 확보하고 있다.

천연 착색료는 천연 물질에서 추출하고 정제한 색소로 동식물로부터 추출하는 것, 미생물이 생산하는 것, 캐러멜 등의 식품 소재 등이 있다.

○ 천연 착색료의 종류와 사용 대상 식품

색깔	색소 이름	특성 및 사용 (제한) 식품
녹색	• 클로로필 • 동클로로필 • 동클로로필나트륨 • 동클로로필린나트륨 • 철클로로필린나트륨	• 클로로필(엽록소): 녹색식물에서 얻는다. • 동클로로필의 1일 섭취 허용량: 0~15mg/kg
노란색, 갈색 또는 주황색	• 심황 색소 • 치자 황색소 • 고량 색소 • 베타카로틴, 카로틴, 베타-아포-8'-카로티날	• 심황 색소: 카레가루, 단무지 • 고량(수수) 색소: 갈색 • 카로틴: 천연 식품, 차류, 커피, 고춧가루, 실고추, 김치류, 고추장, 식초 등에는 사용할 수 없다.
갈색	캐러멜 색소	천연 식품, 차류, 인삼 성분 및 홍삼 성분이 든 차류, 커피, 고춧가루, 실고추, 김치류, 고추장 등에 사용할 수 없다.
빨간색, 노란색 등	• 비트레드 • 안나토 색소 • 파프리카 추출 색소 • 사프란 색소	• 비트레드: 적자색 또는 암자색 • 안나토 색소: 토마토 색소
보라색, 빨간색	• 포도 과피(과즙) 색소 • 베리류	포도색
빨간색 (동물성)	• 코치닐 추출 색소, 카민 • 락 색소	• 코치닐 색소, 카민: 코치닐선인장 등에 기생하는 연지벌레 암컷에서 얻는다. 열이나 빛에 안정한 수용성 색소로, 천연 식품에 사용하면 안 된다. • 락 색소: 락패각충의 분비액에서 얻는다.
적황갈색, 자연색	삼이산화철(Fe$_2$O$_3$)	• 1일 섭취 허용량: 0~0.5mg/kg • 바나나와 우무에만 사용할 수 있다.
	이산화티타늄(TiO$_2$)	• 다른 착색료와 함께 사용하여 부드러운 자연색, 선명한 색을 낸다.

착색료를 섭취하면 우리 몸에 축적될까?

색깔이 선명한 사탕이나 음료를 먹다 보면 혀에 색깔이 착색된 경험이 있을 것이다. 이 때문에 착색료가 들어간 식품을 먹으면 우리 몸에 축적되어 발암 물질로 작용할 것이라는 생각을 할 수 있다. 식품첨가물로 허용된 식용 색소들은 철저한 독성 평가를 거치고, 체내에서 대사되어 배출되는 것이 확인된 것들이다. 따라서 식품의약품안전처에서 허용된 식용 색소가 농도에 맞게 식품에 사용되었다면 걱정하지 않아도 된다.

천연 색소는 모두 안전할까?

천연 색소는 동물(곤충)과 식물에서 얻는다. 그러나 그 생산량이 적고, 합성 색소보다 훨씬 더 많은 양을 사용해야 착색 효과가 나타나기 때문에 가성비가 낮다. 또 천연 색소는 특유의 맛과 향이 있고, 열과 빛 등에 의해 변색되기 쉬운 단점이 있다. 일반적으로 '자연', '천연'은 안전하고, '합성'은 위험하다고 생각하는 경향이 있으나, 천연 물질도 특정 성분을 추출하고 농축하는 과정에서 위해 물질이 함유될 수 있으며, 천연이나 합성이나 본질적으로 분석해 보면 모두 화학 물질의 복합체이다.

천연 색소도 합성 색소와 마찬가지로 안전성 심사를 거쳐야 한다. 천연 색소 중에는 인체에 위해하여 사용 허가가 취소된 경우도 있다. 그 예로, 사탕 등의 당류 가공품, 양갱, 햄, 소시지 등에 붉은색을 내는 데 사용된 꼭두서니 색소를 들 수 있다. 꼭두서니 뿌리에서 추출한 꼭두서니 색소는 동물 실험에서 신장암을 유발하는 것으로 보고되어 2004년 이후 사용이 금지되었다. 천연 색소나 합성 색소 모두 안전성 시험을 거쳐 안전한 것들만 사용되고 있다.

충전제

포장 용기에 넣어 식품을 보호한다

충전제는 식품이 산화하거나 부패하는 것을 막기 위해 식품을 제조할 때 포장 용기에 의도적으로 넣는 가스 식품첨가물로, 주로 유탕 처리한 과자 제품 등에 사용된다. 유탕 처리한 과자류들은 조직이 바삭바삭한 경우가 많아 부스러지기 쉽고, 또 유탕 처리되었기 때문에 산패되면 제품의 품질이 저하된다. 따라서 공기 중에 가장 많이 들어 있는 질소뿐 아니라 산소, 수소의 가스를 포장지 안에 넣어 식품의 품질 저하를 막는 데 사용한다.

충전제의 종류에는 어떤 것이 있을까?

충전제의 종류에는 질소, 이산화질소, 산소, 수소, 이산화탄소가 있다. 국제식품규격위원회(Codex)를 비롯하여 유럽연합, 일본은 충전제 가스를 우리나라와 같이 허용하고 있으나, 미국은 산소와 수소를 허용하지 않는다.

질소(N₂)

공기 중에 약 78%나 포함되어 있는 기체로 무색, 무취이다. 1일 섭취 허용량(ADI)을 설정할 필요가 없을 정도로 안전하며, 충전제 또는 분사제로 사용된다.

아산화질소(N₂O)

무색, 무미, 무취의 기체이다. 1일 섭취 허용량은 'acceptable'로 현재 사용할 수 있지만, 추후 실험 결과에 따라 ADI가 설정될 수도 있다. 충전제 외에 분사제로도 사용된다.

산소(O₂)

공기 중에 약 20 %가 포함되어 있는 기체로 무색, 무취이다. 충전제 외에 분사제, 제조용제로도 사용된다.

수소(H₂)

무색, 무미, 무취의 기체이다. 충전제 외에 제조용제로도 사용된다. 식용 유지류 제조 시 수소를 첨가하여 마가린, 쇼트닝처럼 경화 처리 목적에 사용될 수 있으며, 음료수에는 활성 산소 제거용으로 사용된다.

이산화탄소(CO₂)

무색, 무미, 무취의 기체로 탄산 가스라고도 한다. 탄산음료에 녹아 있는 것이 이산화탄소이다. 인체에 해가 없기 때문에 1일 섭취 허용량을 설정하지 않았다. 충전제 외에 분사제, 추출용제로도 사용된다.

식품첨가물 액체 질소

먹으면 입에서 연기가 나는 이른바 '용가리 과자(질소 과자)'를 먹은 한 어린이가 위에 구멍이 생겨 치료를 받은 사건이 있었다. 용기에 남아 있던 액체 질소를 들이마신 것이 원인이었다. 식품첨가물인 액체 질소는 −196 ℃의 낮은 온도로 상온에서는 급격히 기화하면서 질소로 사라지나 잘못 다루면 급랭되어 동상을 입을 수 있다. 구슬 아이스크림은 용기에 액체 질소를 담고 아이스크림 액체를 한 방울씩 떨어뜨리면 곧바로 얼면서 구슬 모양의 아이스크림이 만들어진다. 질소 자체는 해가 없으나, 액체 질소는 초저온 상태이므로 취급에 주의하여야 한다.

팽창제

가스를 방출하여 반죽의 부피를 늘린다

팽창제는 가스를 방출하여 반죽의 부피를 늘리는 식품첨가물로, 케이크, 빵, 도넛 등에 주로 사용된다. 빵을 만들 때 팽창제로 탄산나트륨, 탄산수소나트륨, 탄산암모늄, 탄산수소암모늄 등을 사용하는데, 이것은 가열하면 분해되어 이산화탄소나 암모니아 가스를 발생시켜 반죽의 부피를 크게 한다. 그런데 이때 발생한 가스가 식품을 알칼리성으로 만들어 빵 색깔이 갈변하게 되며, 이를 개선하기 위해 팽창제에 산성 물질을 혼합한 것이 혼합 제제류인 합성 팽창제(baking powder)이다.

팽창제의 종류에는 어떤 것이 있을까?

팽창제의 종류에는 탄산나트륨, 탄산수소나트륨, 효모 등이 있다.

탄산나트륨($Na_2CO_3 \cdot nH_2O$)

탄산나트륨에 물 분자가 10개 또는 1개가 붙은 결정물, 또는 하나도 없는 무수물의 형태이다. 흰색 결정성 가루나 덩어리이며 물에 잘 녹는다. 1일 섭취 허용량(ADI)은 'not limited'로 섭취 상한선을 정하지 않을 정도로 안전하다.

탄산수소나트륨(NaHCO₃)

흰색 결정성 덩어리나 가루로 pH가 8.0~8.6이다. 중탄산나트륨, 베이킹 소다 또는 중조라고도 하며, 가열하거나 산에 의해 탄산 가스(이산화탄소)를 발생시킨다. 1일 섭취 허용량은 'not limited'로 섭취 상한선을 정하지 않을 정도로 안전하다.

효모

효모는 단세포 곰팡이의 형태로, 반죽에 설탕과 같은 당이 들어 있으면 분해하여 이산화탄소를 발생시킨다. 사카로미세스 속(*Saccharomyces* sp.)에 속하는 식용 효모를 배양하여 분리한 것으로 액상 또는 건조한 형태로 유통된다. 약간 노란색을 띠며 특유의 냄새가 난다.

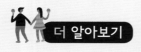

더 알아보기

효모와 화학적 팽창제의 다른 점

먼저 효모는 일정 기간 동안 숙성 과정을 거친다. 빵 만드는 것을 예로 들면, 효모가 반죽 속에서 설탕과 같은 당을 먹고 성장하면서 개체 수가 증식하고, 그 과정에서 이산화탄소를 발생시켜 빵 반죽을 부풀게 한다. 그러나 화학적 팽창제는 숙성이 필요 없고 가열하거나 산이 존재하면 곧바로 이산화탄소가 생겨 시간이 단축되는 장점이 있다. 효모는 미생물이기 때문에 시간은 걸리나 특유의 풍미가 있으므로 기호에 따라 사용할 수 있다.

표백제

식품을 탈색한다

표백제는 식품의 색깔을 제거하기 위해 사용되는 식품첨가물로, 박고지, 당밀, 물엿, 과실주, 건조 과실류, 건조 채소류, 곤약분, 새우, 냉동 생게, 설탕, 발효 식초, 건조 감자, 소스류, 향신료 조제품 등에 사용된다. 과일을 건조하면 생과일과 달리 색깔이 갈변하거나 향이 변하여 기호도가 떨어진다. 이때 표백제를 사용하면 식품의 산화를 막아 식품 본래의 색과 향을 유지하고 갈변을 억제하며, 잡균이 자라서 와인과 같은 과실주가 변패하는 것을 방지한다.

표백제의 종류에는 어떤 것이 있을까?

표백제는 아황산나트륨, 무수아황산, 산성아황산나트륨 등 여러 종류가 있으나, 활성 성분은 모두 이산화황(sulfur dioxide)이다. 이들은 표백제뿐만 아니라 보존료, 산화방지제 등으로도 사용된다.

➕ 지식 플러스

생과일, 채소류에 사용할 수 없는 아황산

도라지, 연근과 같이 껍질을 벗겨서 파는 뿌리채소가 유난히 흰색을 띠면 표백제를 사용한 것이라고 의심하게 된다. 그러나 과일과 채소의 단순 가공품(탈피, 절단 등)에는 아황산염을 사용할 수 없으며, 이를 어기게 되면 처벌받게 된다.

아황산나트륨(Na_2SO_3)

아황산소다라고도 한다. 미국, 일본, 유럽연합, 국제식품규격위원회(Codex)에서 허용하고 있다. 미국에서는 의약품 제조 및 품질 관리 기준(GMP)으로 사용할 수 있으나 생과일, 생채소 등에는 사용할 수 없다.

무수아황산(SO_2)

이산화황이라고도 하며, 박고지 같은 건조 채소나 과실류, 과실주, 새우, 냉동생게 등에 사용할 수 있다. 잔류 허용 기준은 허용된 각 식품 kg당 0.02~1.0 g까지이다.

산성아황산나트륨(NaHSO_3)

아황산수소나트륨이라고도 한다. 이산화황 성분을 60 % 내외로 함유한다.

건강 정보

천식 환자의 아황산 섭취 주의

아황산의 활성 성분인 이산화황은 우리 몸에서 빠르게 불활성화되어 일반적으로 허용 섭취량을 초과하지 않으면 문제가 되지 않지만, 천식 환자들은 주의가 필요하다. 1986년 미국의 한 음식점에서 샐러드의 갈변을 막기 위해 아황산을 사용하였는데, 그 샐러드를 먹은 천식 환자가 발작을 일으켜 사망한 사례가 있었다. 그 후 과일 및 채소류에 아황산 사용을 금지하였고, 10 ppm 이상의 아황산을 포함하는 식품은 의무적으로 '아황산 첨가'를 표시하도록 하였다. 아황산에 의한 알레르기 반응으로는 호흡 곤란, 재채기, 두드러기, 가려움, 메스꺼움, 구토, 설사, 위경련 등이 일어날 수 있고, 주로 여성이나 어린이의 발생 확률이 높은 것으로 나타났다.

향료

식품에 특유의 향이 나게 한다

향료는 식품에 특유한 향이 나게 하거나 식품 본래의 향을 보강하는 식품첨가물로, 아이스크림, 빙과류, 음료, 사탕, 껌 등에 사용된다. 식품을 가공할 때 본래의 향이 손실되어 보강할 필요가 있거나, 기호도가 높은 향을 음료나 아이스크림 등에 넣어 특유의 향을 즐길 수 있는 제품을 만들 수 있다.

향료의 종류에는 어떤 것이 있을까?

향료는 제조 방법에 따라 합성 향료와 천연 향료로 구분되며, 합성 향료는 2007년 이후 2400여 개의 품목만 사용하도록 관리 체계를 개선하였다. 합성 향료가 천연 향료보다 가격이 저렴하고 안정성도 있어 가성비가 높다.

우리나라와 달리 국제식품규격위원회(Codex)와 유럽연합 등에서는 향료를 식품첨가물과 별도로 관리하고 있고, 일본은 합성 향료를 첨가물 목록으로 관리하고 있다.

합성 향료

약 2400여 개의 합성 향료가 허용 물질 목록으로 관리되고 있으며, 화학적 변화를 주지 않고 2종 이상 단순 혼합한 것도 포함한다. 허용 물질 목록에 있는 합성 향료 외에 국제식품규격위원회(Codex)나 국제향료제조협회 등에서 식품 향료로 통용되는 것은 사용할 수 있다(안전성에 문제가 있거나 단맛, 짠맛, 신맛만을 내는 물질은 제외). 향료의 희석, 용해, 분산을 위해서 물, 에탄올, 프로필렌글리콜, 트리아세틴, 글리세린을 첨가할 수 있다.

천연 향료

천연 향료의 기원 물질에서 추출, 증류 등을 통해 얻은 물질로 정유, 추출물, 올레오레진 등이 있다. 273개의 향료 기원 물질이 명시되어 있으나, 이 외에도 적합한 것은 사용할 수 있으며, 합성 향료와 같이 2종 이상 단순 혼합하여 사용할 수 있다. 향료의 품질 보존 등을 위해서 물, 에탄올, 식물성 기름을 첨가할 수 있다. 추출하기 위해 사용된 용매는 잔류 용매 규격에 적합하도록 제거되어야 한다.

스모크 향

가공하지 않은 나무의 경질 부분을 공기를 제한하거나 조절하여 열분해하거나, 200~800℃의 고온에서 건식 증류한 것 또는 강열 증기로 처리하여 얻어지는 혼합물이다. 주성분은 카복실산, 카보닐기를 가진 화합물 및 페놀성 화합물이다. 음료수에는 사용이 금지되어 있으며, 착향 목적으로만 사용해야 한다(메탄올 함량 50 ppm 이하, 벤조피렌 함량 0.002 ppm 이하).

향미증진제

식품의 맛이나 향을 좋게 한다

향미증진제는 식품의 맛 또는 향을 증진시키는 식품첨가물로, 조미료류, 맥주, 탄산음료 등에 사용된다. 향미증진제 하면 바로 떠오르는 것이 MSG일 것이다. MSG(monosodium glutamate)는 글루탐산이라는 아미노산에 나트륨이 하나 결합된 염이다. 감칠맛을 내는 조미료 성분으로 오랫동안 사용되어 왔으나 요즘에는 화학조미료라고 잘못 알려져 예전만큼 많이 사용하지 않는다.

향미증진제의 종류에는 어떤 것이 있을까?

향미증진제는 주로 아미노산류와 핵산류이며, 일부 호박산과 같은 유기산, 카페인, 타닌산, 효모 추출물 등도 향미증진제로 쓰인다. 아미노산과 핵산 성분은 함께 사용할 때 향미 증진 효과가 크게 상승하여 복합적으로 사용되기도 한다. 향미증진제의 종류에는 아미노산류인 글루탐산, 글리신, 베타인 등과 핵산류, 카페인, 디하이드로아세트산나트륨, 나린진, 효모 추출물 등이 있다.

글루탐산(L-glutamic acid)

글루탐산, 글루탐산나트륨(MSG), 글루탐산칼륨, 글루탐산암모늄 등의 형태가 있으나 핵심 성분은 글루탐산이다. 1일 섭취 허용량은 'not specified'로 안전을 걱정하지 않아도 되는 수준이다. 우리나라에서는 2015년 식품 등의 표시 기준 개정으로 MSG라는 이명을 사용할 수 없다.

핵산류

핵산류는 건조 가다랑어나 고기 추출물의 맛 성분으로 5′-구아닐산이나트륨, 5′-이노신산이나트륨, 5′-리보뉴클레오티드이나트륨 등이 있다. 글루탐산과 함께 사용할 때 향미 증진 효과가 매우 커진다. 구아닐산이나트륨이 이노신산이나트륨보다 효과가 두 배 이상 높다. 구아닐산은 신맛과 짠맛을 부드럽게 해 주고 이취를 가려 주는 효과가 있다. 1일 섭취 허용량은 'not specified'이다.

카페인(caffeine)

커피의 종자나 찻잎 추출물, 코코아콩에서 얻는다. 흰색 결정성 가루로 냄새는 없으나 쓴맛이 있으며, 각성 작용, 강심 작용 등이 있다. 탄산음료에 0.015 % 이하(희석하는 음료 베이스는 0.075 %)로 사용할 수 있다.

효모 추출물

식용 효모(yeast)에 효소 처리를 하여 단백질이 가수 분해되면서 얻어지며, 효모의 성분인 아미노산, 펩타이드, 탄수화물 및 다양한 수용성 성분들이 들어 있다. 식물 단백질 가수 분해물(hydrolyzed vegetable protein, HVP)은 식품첨가물은 아니지만 효모 추출물과 함께 가공식품의 향미 증진에 널리 사용된다.

카페인 섭취 시 유의할 점

식품첨가물인 카페인은 콜라형 음료에 한하여 0.015 % 이하로 사용하도록 규제하고 있다. 카페인을 많이 섭취하면 불면증, 신경과민, 메스꺼움, 위산 과다 등의 부작용이 나타날 수 있으며, 특히 어린이나 청소년은 부작용 정도가 성인보다 심하게 나타날 수 있다. 식품의약품안전처에서는 카페인 1일 섭취 기준을 성인 400 mg 이하, 임신부 300 mg 이하, 18세 미만 어린이는 체중 1 kg당 2.5 mg 이하로 제시하였다. 커피, 녹차 등을 포함하여 카페인 함량이 1 mL당 0.15 mg 이상인 고카페인 음료 제품에는 '고카페인 함유' 표시와 함께 어린이나 임산부 등 카페인에 민감한 사람에 대한 주의 문구를 의무적으로 표시해야 한다. 음료를 구입할 때 총 카페인 함량을 꼭 확인하도록 한다.

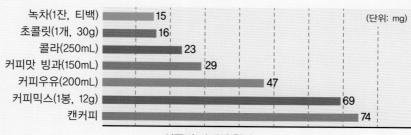

(단위: mg)

- 녹차(1잔, 티백) 15
- 초콜릿(1개, 30g) 16
- 콜라(250mL) 23
- 커피맛 빙과(150mL) 29
- 커피우유(200mL) 47
- 커피믹스(1봉, 12g) 69
- 캔커피 74

식품별 카페인 함량

발효법으로 만들어지는 글루탐산

화학조미료 또는 인공조미료라고 잘못 알려진 글루탐산은 발효법에 의해 생산된다. 발효 과정 중 글루탐산을 축적하는 세균(*Corynebacterium glutamicum*)을 활용하여 1 L당 100 g, 60 %의 높은 수율로 생산할 수 있다. 실제 글루탐산은 우리 몸에 가장 많이 들어 있는 아미노산 중의 하나이며, 간장, 된장, 버섯, 멸치 등의 주요 맛 성분이다. 따라서 식품 포장지나 식당에서 'MSG 무첨가', '화학조미료를 일체 사용하지 않습니다.' 등의 메시지를 주어 글루탐산이 건강에 매우 위험한 물질인 것처럼 인식하게 하는 내용은 수정이 필요하다.

3장 안전한 식생활 실천하기

　식품 안전이란 식품의 섭취로 인해 건강상 장애가 발생하지 않도록 식품에 식중독을 일으키는 미생물, 알레르기 물질, 잔류 농약, 중금속, 화학 오염 물질 등 식품 위해 요소를 최소화하는 것을 의미한다. 그런데 우리의 식생활 안전을 위협하는 것은 대부분 식중독균이나 바이러스와 같은 미생물 오염에 의한 것이다. 식중독이란 유해 미생물이나 독극 물질로 오염된 식품을 섭취하여 감염형이나 독소형 질환이 발생하는 것으로, 식중독을 일으키는 주요 미생물은 병원성 대장균, 노로바이러스, 살모넬라, 장염 비브리오 등이 있다. 식중독을 예방하기 위해서 깨끗이 씻기, 제대로 가열하기, 곧바로 냉장·냉동하기, 그리고 교차 오염 막기를 실천하여야 한다.

안전한 식생활을 하기 위해서는 가정에서 식생활 안전 수칙을 익히고 매일 일상생활에서 실천하여 건강과 생명을 유지하는 것이 중요하다. 식품을 구매하는 단계인 장보기부터 수납하기, 손 씻기, 도마와 칼 관리하기, 채소와 과일 씻기, 어·육류 냉동·해동하기, 구이 조리하기, 튀김 조리하기, 남은 반찬 보관하기까지 일련의 식생활 단계별 안전 수칙을 지키면 식중독을 예방할 수 있다.

안전한 식생활

안전한 식생활의 중요성

우리나라에서는 해마다 6~7천 명의 식중독 환자가 발생하고 있는데, 실제 보고되지 않은 숫자가 훨씬 큰 점을 고려할 때, 식중독으로 인한 건강과 생명 손실은 경제적으로 환산하면 수조 원에 달할 만큼 크다. 식중독이 발생하는 장소는 주로 학교, 집단 급식소, 음식점 등 단체 급식을 하는 곳이지만, 가정에서도 발생하고 있다. 단체 급식소나 대형 외식업소에서는 식중독을 예방하기 위해 HACCP(식품 안전 관리 인증 기준)이 적용되고 있으나, 가정에서도 식생활 안전 수칙을 익히고 매일 일상생활에서 실천하여 자신의 건강과 생명을 보호하는 것이 중요하다.

식중독의 원인

식중독은 유해 미생물이나 독극 물질로 오염된 식품을 섭취하여 감염형이나 독소형 질환이 발생하는 것을 말한다. 식중독의 원인은 크게 생물학적, 화학적, 물리적 위해 요소로 구분된다.

생물학적 위해 요소에는 세균, 바이러스, 곰팡이, 기생충 등이 있고, 화학적 위해 요소에는 독극 물질, 중금속, 항생제, 환경 호로몬 등이 있으며, 물리적 위해 요소에는 식품에 섞인 유리, 돌, 칼 조각 등이 있다.

통계 자료에 따르면, 최근 10년간 발생한 식중독의 대다수가 일부 식중독 세균과 바이러스에 의한 것이며, 화학적 위해는 1건에 불과하였다. 그리고 주요 식중독의 원인 세균과 바이러스는 노로바이러스(Norovirus)가 가장 많았고, 다음으로는 병원성 대장균, 살모넬라(*Salmonella* spp.), 캠필로박터 제주니(*Campylobacter jejuni*), 클로스트리디움 퍼프린젠스(*Clostridium perfringens*), 황색 포도상구균, 바실러스 세레우스(*Bacillus cereus*) 순이었다.

식중독의 예방

식중독을 예방하는 원리는 비교적 간단하다. 식재료를 잘 씻어 오염된 미생물을 제거하거나, 상하기 쉬운 식품은 식품에 오염되어 있는 세균이나 바이러스가 잘 자라지 못하도록 냉장, 냉동을 하거나, 조리할 때 철저하게 가열하거나 끓여서 오염되어 있는 미생물을 사멸시키면 된다. 물론, 개인의 손이나 앞치마, 도마나 칼 등의 조리 도구, 물 등을 깨끗이 관리하여 교차 오염(cross contamination)이 일어나지 않도록 하는 것은 기본이다. 교차 오염은 세균 등에 오염된 것과 오염되지 않은 것이 접촉함으로써 식품이 오염되는 것으로, 예를 들면, 더러운 손으로 식품을 만질 때 손에 오염된 세균이 식품에 옮아가는 것을 말한다.

식중독 예방 방법

다음의 예방법을 실천하면 대부분의 식중독을 예방할 수 있다.

❶ 깨끗이 씻기

- 사람: 30초 이상 비누를 이용하여 깨끗이 손 씻기

- 식품: 채소, 과일, 생선 등 식품에 따라 적절한 방법으로 깨끗이 씻기

- 도구: 칼, 도마, 프라이팬, 조리대 등 세척 및 소독하기

❷ 곧바로 냉장·냉동하기

- 냉장: 곧 섭취할 채소, 과일, 육류 및 생선, 달걀, 우유

- 냉동: 장기 보관할 상하기 쉬운 식품

❸ 제대로 가열하기

- 끓이기: 물 등 국물이 있는 경우 팔팔 끓이기

- 볶기, 굽기 등: 식품 내부까지 익도록 철저히 가열하기

❹ 교차 오염 막기

- 손과 식품: 오염된 식재료를 만진 후 반드시 손 씻기

- 냉장고 보관: 오염된 식품은 하단에, 조리된 것은 상단에 보관하여 서로
  교차 오염이 일어나지 않도록 보관하기

식중독을 예방하는 3대 요령

1. 손 씻기
   30초 이상 비누를 사용
   하여 씻는다.

2. 익혀 먹기
   음식은 속까지 충분히
   익혀 먹는다.

3. 끓여 먹기
   물은 끓여서 먹는다.

〈자료: 식품안전나라−위해·예방−식중독 정보 http://www.foodsafetykorea.go.kr〉

주요 식중독 원인 균의 특징과 예방법

미생물	특징 및 오염원	증상	예방법
노로바이러스	• 사람 장관에서만 증식 • 자연환경에서 장시간 생존 가능 • 오염원: 사람의 분변에 오염된 물이나 식품, 노로바이러스에 감염된 사람에 의한 2차 감염 • 겨울철에 많이 발생	• 오심, 구토, 설사, 복통, 두통 • 발병 시기: 24~48시간	• 오염된 해역에서 생산된 굴 등 패류 생식 자제 • 어패류는 가능한 가열(85 ℃에서 1분 이상) 후 섭취 • 개인위생 관리 철저 • 채소류 전처리 시 수돗물 사용
병원성 대장균 O157	• 소량(10~100마리)으로 베로 독소를 생산하여 식중독 유발 • 심할 경우 용혈성 요독증으로 사망 • 오염원: 환자나 동물의 분변에 오염된 식품 또는 오염된 칼이나 도마에 의해 다져진 음식물	• 설사, 복통, 발열, 구토 • 발병 시기: 12~72시간 (균종에 따라 다양)	• 칼, 도마 등의 조리 기구를 구분 사용하여 2차 오염 방지 • 생육과 조리된 음식물을 구분하여 보관 • 다진 고기류는 75 ℃(중심부 온도)에서 1분 이상 가열
살모넬라	• 토양, 물에서 장기간 생존 • 건조한 상태에서도 생존 • 오염원: 사람·가축의 분변, 곤충 등에 널리 분포, 달걀, 식육류와 그 가공품, 분변에 직간접적으로 오염된 식품	• 복통, 설사, 구토, 발열 • 발병 시기: 8~48시간 (균종에 따라 다양)	• 달걀, 생육은 저온(5 ℃ 이하) 보관 • 조리에 사용된 기구 등은 세척, 소독하여 2차 오염 방지 • 육류의 생식을 자제하고, 75 ℃에서 1분 이상 가열
클로스트리디움 퍼프린젠스	• 가열하여도 생존 가능 • 산소가 없는 환경에서도 생장 • 오염원: 동물 분변이나 토양 등에 분포, 대형 용기에서 조리된 수프나 국, 카레 등을 방치할 경우	• 설사, 복통 등 보통 가벼운 증상 후 회복 • 발병 시기: 8~12시간	• 대형 용기에서 조리된 국 등은 신속히 제공 • 국 등이 식었을 경우, 잘 섞으면서 재가열하여 제공 • 보관 시 재가열한 후 냉장 보관
장염 비브리오	• 해수 온도 15 ℃ 이상에서 증식 • 2~5 %의 염도에서 잘 자라고, 열에 약함. • 오염원: 6~10월 연안에서 채취한 어패류 및 생선회, 오염된 어패류를 취급한 칼, 도마	• 복통, 설사, 발열, 구토 • 발병 시기: 평균 12시간	• 어패류는 수돗물에 잘 씻기 • 횟감용 칼, 도마 구분하여 사용 • 오염된 조리 기구는 10분간 세척, 소독하여 2차 오염 방지
캠필로박터	• 산소가 적은 환경(5 %)에서 증식 • 30 ℃ 이상에서 증식 활발 • 소량으로 식중독 유발 • 오염원: 가축, 애완동물, 닭고기 관련 식품, 도축 과정에서 오염된 생육, 소독되지 않은 물	• 복통, 설사, 발열, 구토, 근육통 • 발병 시기: 평균 2~3일	• 생육을 만진 경우, 손을 깨끗하게 씻고 소독하여 2차 오염 방지(개인위생 관리 철저) • 생육과 조리된 식품은 구분하여 보관 • 75 ℃에서 1분 이상 가열 조리 • 가급적 수돗물 사용

〈자료: 식품안전나라-위해·예방-식중독 정보 http://www.foodsafetykorea.go.kr〉

똑똑한 장보기

　장보기를 할 때 상하지 않은 품질이 좋은 신선한 식품을 구매하는 것도 중요하지만, 순서에 맞게 빠르게 구매하는 것도 중요하다. 장보는 시간부터 집에 돌아와 수납하는 동안에도 식품에 오염되어 있는 미생물들은 식품의 온도가 올라가면서 증식하기 때문이다. 실온 보관 60분이 지나면 식품의 세균 수는 급속히 늘어난다.

　따라서 장보기 전에 구입할 식품 목록을 미리 작성하고, 쌀, 국수, 과자 등과 같이 냉장이 필요 없는 식품부터 장을 본 후에 상하기 쉬운 냉장·냉동식품을 구매하면 장보기 동안 세균이 증식하는 것을 최소화할 수 있다. 김밥, 떡볶이 등 즉석식품은 구매 후 바로 먹도록 한다.

안전을 고려한 장바구니 담기
- 장바구니에 담을 때에는 교차 오염을 방지하기 위해 농·수·축산물과 가공식품을 분리하여 담는다.
- 축산물과 수산물은 비닐로 이중 포장하되 가공식품과는 다른 장바구니에 담으며, 장바구니도 채소나 과일용, 축산물이나 수산물용, 가공식품용을 구분해 사용하면 좋다.
- 냉장·냉동식품과 상온 식품을 구분하여 담는다.

　　마트나 시장에 가면 공산품 등을 가장 먼저 구매하고, 식품은 다음과 같은 단계로 구매하되 60분 이내에 모든 장보기를 끝내고 곧바로 집으로 돌아가 반대 순서로 보관하도록 한다.

　△ 똑똑한 장보기 순서

 신선한 식품은 맛이 좋고 영양도 풍부하며 위생적으로 안전하다. 신선하고 안전한 식품을 고르려면 외관상 상한 부분이 없고 싱싱한 것을 고르며, 포장지에 적힌 식품 표시 중 식품 안전 정보, 즉 유통 기한, 보관 방법, 식품 인증 마크를 꼭 확인해야 한다.

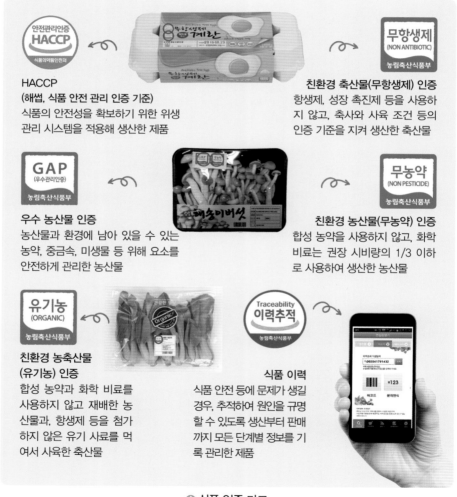

HACCP
(해썹, 식품 안전 관리 인증 기준)
식품의 안전성을 확보하기 위한 위생 관리 시스템을 적용해 생산한 제품

친환경 축산물(무항생제) 인증
항생제, 성장 촉진제 등을 사용하지 않고, 축사와 사육 조건 등의 인증 기준을 지켜 생산한 축산물

우수 농산물 인증
농산물과 환경에 남아 있을 수 있는 농약, 중금속, 미생물 등 위해 요소를 안전하게 관리한 농산물

친환경 농산물(무농약) 인증
합성 농약을 사용하지 않고, 화학 비료는 권장 시비량의 1/3 이하로 사용하여 생산한 농산물

친환경 농축산물
(유기농) 인증
합성 농약과 화학 비료를 사용하지 않고 재배한 농산물과, 항생제 등을 첨가하지 않은 유기 사료를 먹여서 사육한 축산물

식품 이력
식품 안전 등에 문제가 생길 경우, 추적하여 원인을 규명할 수 있도록 생산부터 판매까지 모든 단계별 정보를 기록 관리한 제품

◎ 식품 인증 마크

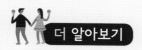
더 알아보기

유전자 변형 농산물

유전자 변형 농산물(GMO; genetically modified organism)은 생산성과 상품의 질 향상을 위해 생물체의 유전자 중 필요한 유전자를 인위적으로 분리하여 그 유전자를 가지고 있지 않은 생물체에 삽입함으로써 유용한 성질이 나타나게 한 것이다. 콩, 옥수수 등에 가장 많이 적용되어 획기적인 품종 개량을 하였으나 유해성 논란이 끊임없이 제기되고 있다. 이와 같은 유전자 재조합 기술을 활용하여 재배·육성된 농산물, 축산물, 수산물, 미생물 및 이를 원료로 하여 제조한 식품(건강 기능 식품 포함) 중 정부가 안전성을 평가하여 입증이 된 경우에만 식품으로 사용할 수 있으며, 이를 유전자 변형 식품이라 한다. 우리나라는 현재 콩, 옥수수, 면화, 카놀라, 알팔파, 사탕무가 승인되어 있다.

GMO는 꼭 식품 표시를 하여야 한다. 그러나 제조 후에 유전자 변형 DNA 또는 유전자 변형 단백질이 남아 있지 않은 경우에는 표시할 필요가 없다. 그 대표적인 예로 GMO 콩으로 짠 식용유를 들 수 있다.

냉장고 바르게 사용하기

    식품은 올바르게 보관하지 않으면 영양소가 손실되며, 미생물 등이 번식하여 품질이 저하된다. 품질이 저하된 식품은 식중독을 유발하는 등 건강에 해를 끼치거나 환경을 오염시킬 수 있으므로 올바른 방법으로 식품을 보관, 관리해야 한다. 가정에서는 식품을 냉장고 또는 실온에 보관하는데, 식품의 특성을 고려하여 알맞게 보관해야 식품의 변질을 막을 수 있다. 장보기 후 냉장고의 적절한 위치에 수납하는 것은 미생물의 증식 방지나 식품의 신선도를 유지하기 위해 매우 중요하다.

올바른 냉장고 사용법

- 식품 표시의 보관 방법을 꼭 확인한 후 보관한다. 냉장이나 냉동이 필요한 식품은 구입한 후 바로 냉장고나 냉동고에 넣는다.
- 냉장고 보관 전에 이물질이나 흙을 제거하고 랩이나 용기에 밀봉하여 보관한다. 고기, 생선, 채소 등 신선 식품과 캔, 병 등의 포장 식품에는 미생물 등 이물질이 묻어 있어서 그대로 넣으면 다른 식품까지 오염될 수 있다.
- 채소는 신문지에 싸서 보관하지 않는다. 신문지의 인쇄 물질 혹은 다른 이물질이 식품에 묻을 수 있다. 상추와 같은 잎채소는 잘 씻어 밀폐 용기에 보관한다.

- 장기간 보존하는 것과 온도 변화에 민감한 식품은 냉동고 안쪽 깊숙이 넣는다. 냉장고는 문 쪽보다 안쪽이 온도가 낮다.
- 냉장고 아래 칸에 씻지 않은 식품을, 위 칸에 씻거나 조리된 것을 보관한다.
- 더운 식품을 냉장고에 바로 넣으면 냉장고 안의 온도를 올려 다른 식품이 상할 수 있으므로 찬물로 식혀 밀폐 용기에 넣은 뒤 냉장한다.
- 냉장고에 식품을 꽉 채워 넣으면 찬 공기의 순환이 어려워 식품이 상할 수 있으므로 냉장고 용량의 70 % 이하로 넣는다.
- 냉장고 안을 항상 청결하게 유지하고, 냉장고 문을 자주 여닫지 않는다.

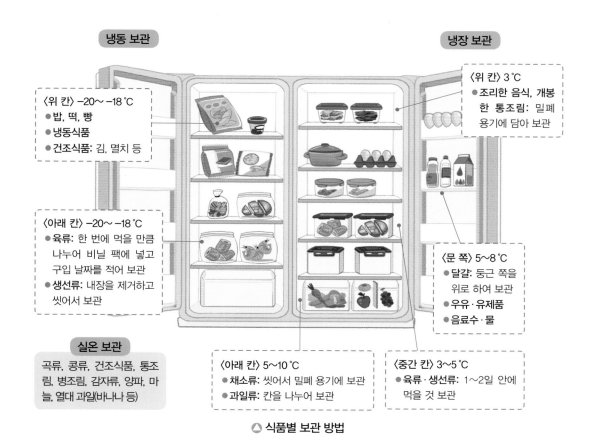

냉동 보관

냉장 보관

〈위 칸〉 3 ℃
- 조리한 음식, 개봉한 통조림: 밀폐 용기에 담아 보관

〈위 칸〉 -20 ~ -18 ℃
- 밥, 떡, 빵
- 냉동식품
- 건조식품: 김, 멸치 등

〈아래 칸〉 -20 ~ -18 ℃
- 육류: 한 번에 먹을 만큼 나누어 비닐 팩에 넣고 구입 날짜를 적어 보관
- 생선류: 내장을 제거하고 씻어서 보관

〈문 쪽〉 5~8 ℃
- 달걀: 둥근 쪽을 위로 하여 보관
- 우유·유제품
- 음료수·물

실온 보관
곡류, 콩류, 건조식품, 통조림, 병조림, 감자류, 양파, 마늘, 열대 과일(바나나 등)

〈아래 칸〉 5~10 ℃
- 채소류: 씻어서 밀폐 용기에 보관
- 과일류: 칸을 나누어 보관

〈중간 칸〉 3~5 ℃
- 육류·생선류: 1~2일 안에 먹을 것 보관

▲ 식품별 보관 방법

올바른 손 씻기

   올바른 손 씻기란 물과 세척제를 사용하여 손에 있는 미생물을 효과적으로 제거하는 것이다. 장을 보거나 조리를 할 때, 그리고 음식을 섭취할 때에도 손을 사용하기 때문에 손은 세균이나 곰팡이 등 미생물과 항상 접촉하게 된다. 평소에도 보통 사람의 손에는 대략 수백만 마리 수준의 세균이 있다고 한다. 따라서 오염된 것을 만지고 난 후에는 항상 비누 등을 사용하여 손을 깨끗이 씻어 식품과 교차 오염이 발생하지 않도록 해야 한다. 특히 음식을 만들 때에는 시작 단계, 조리 단계, 뒤처리 단계 등 전 단계에 걸쳐서 손 씻기를 실천하여야 한다.

올바른 손 씻기 방법

   안전한 식생활을 위해 손 씻는 습관을 가지도록 한다. 식품을 취급할 때는 반드시 물과 세척제를 사용하여 손에 있는 미생물을 제거해야 한다. 손 중에서 세균이 가장 많은 곳이 손톱 밑이다. 따라서 손톱을 길지 않게 유지하며, 손을 씻을 때 손톱 밑을 잘 비벼 주어 세균이 제거될 수 있도록 한다. 또 수돗물을 틀어 놓으면 손을 충분히 씻지 않고 헹굴 가능성이 높다. 최소 30초 이상 비누로 거품을 내어 씻어야 효과적으로 세균을 제거할 수 있다. 이와 같이 손을 깨끗이 씻으면 손에 붙어 있는 세균 수가 68 % 정도 감소한다.

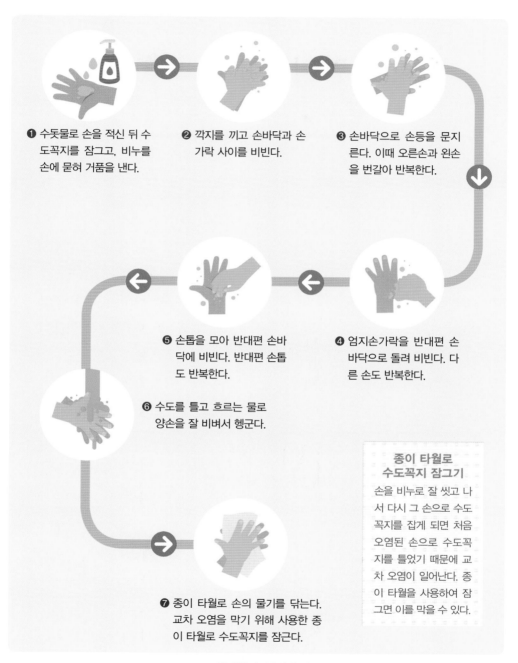

❶ 수돗물로 손을 적신 뒤 수도꼭지를 잠그고, 비누를 손에 묻혀 거품을 낸다.

❷ 깍지를 끼고 손바닥과 손가락 사이를 비빈다.

❸ 손바닥으로 손등을 문지른다. 이때 오른손과 왼손을 번갈아 반복한다.

❹ 엄지손가락을 반대편 손바닥으로 돌려 비빈다. 다른 손도 반복한다.

❺ 손톱을 모아 반대편 손바닥에 비빈다. 반대편 손톱도 반복한다.

❻ 수도를 틀고 흐르는 물로 양손을 잘 비벼서 헹군다.

❼ 종이 타월로 손의 물기를 닦는다. 교차 오염을 막기 위해 사용한 종이 타월로 수도꼭지를 잠근다.

종이 타월로 수도꼭지 잠그기

손을 비누로 잘 씻고 나서 다시 그 손으로 수도꼭지를 잡게 되면 처음 오염된 손으로 수도꼭지를 틀었기 때문에 교차 오염이 일어난다. 종이 타월을 사용하여 잠그면 이를 막을 수 있다.

△ 올바른 손 씻기 순서

조리 도구 관리하기

식품을 아무리 신선한 것을 고르고 깨끗하게 세척하였어도 더러운 도마와 칼을 사용하여 썰었다면 곧바로 교차 오염이 발생하여 식품이 오염될 것이다.

교차 오염이란 식품의 조리 및 취급 과정에서 세균 등에 오염된 것과 오염되지 않은 것이 접촉함으로써 식품에 세균이 옮겨 가 오염이 발생하는 것이다. 교차 오염을 줄이기 위해서는 식품뿐 아니라 도마, 칼, 행주 등의 조리 도구도 위생적인 사용과 관리가 중요하다.

위생적인 조리 도구 관리 방법

도마와 칼은 사용할 때마다 깨끗이 세척한다

도마를 사용할 때 흐르는 물에 10초 이상 헹구면 도마 표면의 세균 수가 줄어드는 효과가 있다. 특히 육류나 생선을 다룬 후에는 도마와 칼 모두 세제를 사용하여 철저하게 세척한 뒤 채소를 썰도록 하여 교차 오염이 일어나지 않도록 한다.

자주 소독한다

칼, 도마 등의 조리 도구는 주방 세제와 수세미를 사용하여 씻고 건조시킨다.

행주는 끓는 물에 자주 삶아 세균을 없애고 햇볕에
말린다. 행주는 용도별로 각각 몇 장씩 준비해
사용하고, 새 것으로 자주 바꾸어 준다. 조리대가
더러울 때는 깨끗한 행주나 키친 타월로 닦는다.

전용 도마나 칼을 사용하면 좋다

단체 급식소에서는 교차 오염을 방지하기
위해 도마와 칼을 채소용, 고기용, 생선용
등으로 구분하여 사용한다. 가정에서는
어려울 수도 있으나, 도마와 칼을 용도에 따라 구분하여 사용하면 좋다.

오래된 도마는 교체한다

도마는 오랫동안 사용하게 되면 표면이 긁히거나 미세한 틈이
많이 생기면서 세균들이 자리 잡게 되어 세척하여도 잘
제거되지 않는다. 따라서 도마에 틈이 보이기 시작하면
새 것으로 교체한다.

채소, 과일 제대로 씻기

식품은 생산, 저장, 가공, 유통 과정을 거쳐 우리 식탁에 오르기까지 건강에 해로운 물질들이 포함되거나 변질되기도 한다. 최근에는 계절에 관계없이 식품을 생산하거나 수입하는 과정에서, 그리고 식품의 생산량을 늘리기 위해 농약이나 화학 비료 등을 사용하기도 한다. 채소나 과일은 자연에서 온 것이나 먼지, 세균, 곰팡이, 잔류 농약, 흙, 기생충 등 다양한 물질들이 오염되어 있을 수 있다. 따라서 깨끗이 씻어 먹는 것이 중요하다. 또한 채소를 그대로 먹어도 좋지만 데쳐 조리해도 위해 물질을 줄일 수 있다.

채소, 과일 제대로 씻는 방법

이물질 제거를 위해 깨끗이 씻는다

일반적으로 사람들은 유기농 식품이 좋은 이유를 잔류 농약이 없기 때문이라고 생각한다. 그러나 식품의약품안전평가원에 의하면, 국내에 유통되는 농산물의 99 % 이상이 농약 잔류 기준에 적합한 것으로 나타났다. 최근 사용되는 농약은 대부분 태양빛이나 공기 중의 산소, 비바람 등에 의해 분해되고, 세척이나 가열 조리 등을 통해 제거되기 때문이다. 유기농이나 비유기농 채소와 과일 모두 흙, 먼지, 기생충 알, 잔류 농약 등 이물질을 제거하기 위해 잘 씻어야 한다.

잎채소는 물에 담가 두었다가 흔들어 씻는다

상추와 같은 잎채소를 한 잎, 한 잎 흐르는 물에 씻으면 물 사용량도 많아질 뿐 아니라 잎이 물에 닿는 시간이 짧아 세척 효율이 떨어질 수 있다. 따라서 큰 용기에 물을 받아 채소를 1~5분 정도 담가 두었다가 흔들어 씻기를 두 번 정도 반복하면 잔류 농약이 제거되는 등 세척 효과가 더 크다. 담가 두는 동안 표면의 오염 물질이 떨어져 나오고 흔들어 버리면서 제거되어 세척 시간, 물의 양, 세척 효율 면에서 효과적이다.

물에 씻을 채소를 1~5분 정도 푹 담근다.

손으로 저어 30초 정도 흔들어 씻고 물을 버린다.

새 물을 받아 흔들어 씻고 버리기를 2회 반복한다.

🔵 담금 세척법

수돗물만으로 세척해도 충분하다

채소나 과일을 씻을 때 식초나 베이킹파우더 등을 사용하면 세척수의 pH를 변화시켜 세균과 잔류 농약을 제거하는 데 효과적일 것이라고 생각할 수 있다. 그러나 실험 결과에 따르면, 수돗물만으로 세척할 때와 식초나 베이킹파우더를 사용하여 세척하였을 때 별 차이가 없는 것으로 나타났다. 다시 말해 수돗물만으로 세척하여도 충분하다는 것이다.

생선과 고기 냉동·해동하기

생선과 고기류는 단백질 등 영양소가 풍부하기 때문에 다른 식품에 비하여 상하기 쉬우므로 조리하기 바로 전에 냉장고에서 꺼내 사용하고, 상온에 오래 두지 않도록 한다. 특히 상온에서 해동 시간이 길어지면 세균이 증식하여 식중독이 발생할 가능성이 크며, 조직 세포가 터지면서 육즙이 새어 나와 품질이 저하될 수 있다.

또 해동한 것을 다시 냉동하는 경우 해동 과정 중에 세포가 파괴되면서 육즙이 새어 나와 세균이 번식하기 더욱 쉬운 상태가 되기 때문에 좋지 않으며, 생선과 고기의 신선도도 크게 떨어지고, 조리했을 때 식감도 좋지 않다. 냉동할 때 미리 조리하기 적당한 크기로 생선과 고기를 손질하여 포장한 뒤 보관하면 해동도 쉬워진다.

해동을 쉽게 할 수 있는 냉동 방법
- 고기: 다진 고기, 작게 썬 고기, 얇게 썬 고기, 두껍게 썬 고기 등 용도에 맞게 구분하여 1회 사용 분량으로 나누어 밀폐 용기나 랩으로 포장하여 냉동한다.
- 생선: 작은 생선은 한 마리씩, 도막 생선은 도막으로 용기에 넣어 냉동한다.

여러 가지 해동 방법

냉장 해동

냉동고에 보관한 냉동 어·육류를 사용하기 전날 뚜껑이 열린 용기에 담아 냉장고로 옮겨 두는 방법으로, 해동 방법 중 가장 좋은 방법이다. 저온에서 서서히 해동되므로 세포의 파괴는 최소화하면서 육즙이 덜 흘러나와 좋은 품질을 유지할 수 있다.

전자레인지 해동

크기가 작은 냉동 어·육류의 경우 단시간에 해동할 수 있는 장점이 있다. 그러나 크기가 큰 것은 해동 시간이 길어지면서 겉과 속 부분의 해동에 차이가 생겨 일부 조리가 되거나 육즙이 흘러나올 수 있어 단시간에도 세균이 증식할 수 있다.

냉수 해동

냉수가 담긴 큰 용기에 포장된 어·육류를 담가 열 교환이 일어나면서 해동하는 방법이다. 냉수의 온도가 높아지면 세균이 증식할 수 있기 때문에 계속 물을 갈아 주어야 하는 번거로움과 포장이 밀폐되어 있지 않으면 주변이 오염되는 단점이 있다.

실온 해동

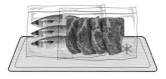

냉동고에 보관한 어·육류를 꺼내어 조리대에 방치하는 것으로, 바람직하지 않은 방법이다. 실온에 두면 어육류 표면부터 서서히 온도가 높아지면서 해동하는 데 긴 시간이 소요되므로 세균 증식이 가장 많이 일어나고, 어·육류의 품질도 저하된다.

올바른 구이 조리하기

굽기는 수분을 사용하지 않고 식품에 직접 열을 가하여 식품 자체 내의 수분에 의해 익게 하는 방법으로 영양소의 손실이 적은 장점이 있다. 그러나 생선이나 돼지고기, 닭고기 등을 숯불에 구울 때 고기 표면이 직접 불꽃에 닿게 되면 고기가 타거나 검게 그을린 부분에 유해 물질인 헤테로사이클릭아민(heterocyclic amines, HCAs)이 만들어진다. 이 물질은 단백질, 탄수화물 성분 등이 300℃ 이상의 고온에서 반응하여 생성되며, 동물 실험에서 간, 위장, 대장, 유방에 암을 일으키는 것으로 보고되고 있다.

위해 물질을 줄이는 구이 조리 방법

- 구이보다는 삶거나 찌는 조리 방법을 사용하면 헤테로사이클릭아민이 생성되지 않는다.
- 불꽃이 직접 육류나 생선에 닿지 않도록 석쇠보다는 불판을 사용한다.
- 구이 온도는 조리 기구의 표면이 150~160℃ 이상, 내부 온도가 80℃ 이상 되지 않도록 하는 것이 좋다.
- 구울 때는 자주 뒤집어 타지 않도록 한다.
- 구이 시간이 길어질수록 헤테로사이클릭아민 같은 위해 물질이 많이 발생하므로 너무 오래 굽지 않도록 유의한다.

● 구운 고기를 마늘, 상추, 파, 깻잎 등 채소와 함께 섭취하면 헤테로사이클릭
   아민의 체내 흡수를 줄일 수 있다.

구이 조리 방법에 따른 위해 물질 함량

  돼지고기를 프라이팬, 석쇠(직화), 오븐의 세 가지 방법으로 구웠을 때, 그리
고 고기의 내부 온도가 80℃에서 95℃로 증가할 때 헤테로사이클릭아민의 함
량을 비교해 보면, 석쇠(직화) 구이에서 가장 높았으며, 프라이팬 구이, 오븐 구
이의 순서로 나타났다. 또한 95℃일 때 더 높게 나타났다. 따라서 직화로 타거
나 검게 그을린 육류는 먹지 않는 것이 좋다.

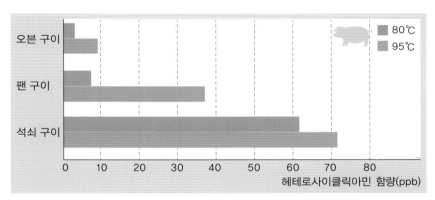

🔺 구이 조리 방법별 헤테로사이클릭아민 함량 변화

올바른 튀김 조리하기

 튀김 조리는 많은 양의 끓는 기름 속에서 식품을 익히는 방법으로, 고온에서 단시간에 조리할 수 있고 영양 손실이 적은 장점이 있다. 그러나 식용유가 산소에 노출된 상태에서 고온 조리가 되므로 산패될 수 있으며, 튀김 기름을 거르지 않고 반복 사용하면 산패가 가속화되어 건강에 좋지 않다.

올바른 튀김 조리 방법

- 튀김 기름은 2회 정도만 사용한다. 한 번 사용한 튀김 기름은 식힌 뒤 걸러서 밀폐 용기에 담아 습기가 없고 선선하며 그늘진 곳에 보관하되, 일주일 이내에 사용한다.
- 튀김 재료의 특성에 따라 육류와 같이 육즙이 많은 경우는 채소류보다 튀김 기름을 더 산패시킬 수 있으므로 1회만 사용하도록 한다.

튀김 기름의 사용 횟수에 따른 산가

 튀김 기름의 사용 횟수가 증가할수록, 거르지 않을수록 산가(acid value)가 증가하였다. 따라서 튀김 기름은 1~2회만 사용하는 것이 좋다. 기름을 오래 저장하였거나 산패한 경우에는 산화에 의해 생긴 지방산이 많으므로 산가가 크다.

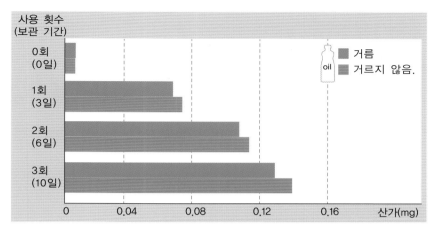

○ 튀김 기름의 사용 횟수 및 보관 기간별 산가 변화

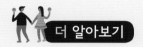 더 알아보기

아크릴아마이드

아크릴아마이드(acrylamide)는 국제암연구소(IARC)가 '인간에게 암을 유발할 수 있다.'고 분류한 화학 물질로, 2002년 감자튀김과 같은 식품에서 발견되어 관심이 높아졌다. 아크릴아마이드는 감자처럼 전분이 풍부한 식품을 120 ℃ 이상의 고온에서 조리할 때 식품의 아미노산과 당 사이에서 일어나는 화학 반응으로 자연 생성된다. 특히 아크릴아마이드는 튀김 혹은 굽기처럼 저습도에서 고온으로 조리할 때 나타날 가능성이 높다. 조리할 때 이를 줄일 수 있는 효과적인 방법은 다음과 같다.

• 튀김을 할 때에는 당 함량이 낮은 분질 감자를 고른다.

• 미지근한 물에 감자를 몇 분 동안 담가 두어 당분을 제거한다.

• 요리 전 또는 조리 중에 튀김에 양념을 하는 것을 피한다.

• 너무 오래 익히지 말고 과하게 튀겨진 부분을 제거한다.

• 기름을 규칙적으로 바꾸어 준다.

남은 음식 보관하기

조리한 음식은 바로 모두 먹으면 좋지만 한식의 특징상 반찬을 만들어 여러 번에 나누어 먹게 된다. 이때 음식 종류별로 조리 방법 및 재료에 따라 상하는 속도가 다르다는 것을 알고 적절한 방법으로 처리, 보관하면 식중독을 예방할 수 있다.

음식을 남기지 않고 안전하게 섭취하기 위해서는 어떻게 해야 할까?
- 음식은 가족 수에 맞게 되도록 한 끼 분량을 조리한다.
- 반찬은 한 끼에 먹을 수 있는 양을 담아 낸다.
- 덜어 먹을 수 있는 개인 용기를 사용한다.
- 조리하고 남은 식재료와 식사 후 남은 음식은 곧바로 적절히 보관한다.

남은 음식 보관 방법

- 반찬과 국은 가능한 한 끼분만 조리해 먹고 남은 것은 냉장 보관하도록 한다.
- 가열 조리한 반찬은 상온에서는 6시간 내에 먹고, 그렇지 않은 경우는 냉장 보관한다.
- 나물류는 상온에서 2~3시간 내에 먹고, 그렇지 않은 경우는 냉장 보관한다. 이때 이틀 이상 보관하지 않는다.

● 끓인 국이나 찌개, 볶은 반찬 외에는 상온에서 빨리 상할 수 있으니 바로 냉장 보관한다.

● 밥은 전기밥솥에서 보온하지 않는 한 하루가 지나면 미생물이 급격하게 증가하므로 상온에 보관한 경우 하루 이내에 먹는다.

● 먹고 남은 국은 팔팔 끓여 뚜껑을 열지 않고 보관하면 몇 시간 정도 상온 보관이 가능하다. 장시간 보관하려면 식혀서 냉장 보관한다.

남은 음식의 보관 시간에 따른 세균 수

밥, 쇠고기뭇국, 시금치나물, 어묵볶음을 조리한 후 보관하였을 때 세균 수 증가를 살펴보면, 시금치나물이 가장 많았고, 밥과 쇠고기뭇국, 어묵볶음의 순으로 증가하였다. 나물류는 먼저 데치고 나중에 손으로 무치는 과정이 들어가 쉽게 상할 수 있다.

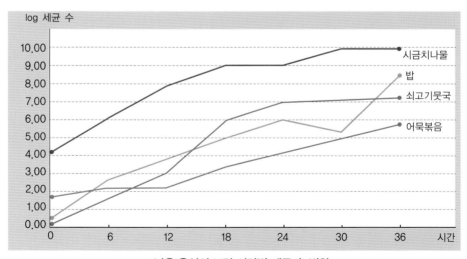

△ 남은 음식의 보관 시간별 세균 수 변화

질환별 식생활 가이드

고혈압 예방과 관리를 위한 식생활 가이드

❶ 소금 섭취를 줄인다.

고혈압을 예방하고 관리하기 위해서는 나트륨 섭취를 줄이기 위해 소금을 하루 5 g(1작은술) 이하로 섭취하는 것이 좋다. 짠 음식과 국물은 적게 먹고, 가공식품 섭취를 줄이며, 가공식품과 외식을 선택할 때 반드시 영양 표시에서 나트륨 함량을 확인한다.

❷ 과일과 채소를 충분히 섭취한다.

과일과 채소에는 나트륨의 배출을 도와주는 칼륨이 풍부하고, 혈압을 낮추는 데 도움이 되는 식이 섬유도 많다. 따라서 비타민, 무기질, 식이 섬유가 풍부한 과일, 채소, 통곡류를 많이 섭취한다.

❸ 동물성 지방 섭취를 줄인다.

고혈압의 합병증인 심혈관계 질환을 예방하기 위해 총지방량의 섭취를 줄이며, 특히 포화 지방산과 콜레스테롤의 섭취를 줄여야 한다. 따라서 육류, 달걀, 버터 등 동물성 지방의 섭취를 줄이며, 육류를 조리할 때 눈에 보이는 지방을 제거하고, 삶기나 찌기 등의 저지방 조리 방법을 선택하여 총지방량을 줄인다. 가공식품은 영양 표시에서 지방, 포화 지방산, 콜레스테롤 함량을 꼭 확인하고 저지방 제품을 선택한다.

❹ 절주한다.

술을 지나치게 마시면 고혈압 위험이 증가한다. 특히 반복적으로 장기간 폭음을 하면 고혈압을 유발할 수 있다. 하루에 맥주 1~2컵(350 mL), 소주 1~2잔, 포도주 120~240 mL 정도만 마시며, 1주에 2회 이내로 권장한다.

골다공증 예방과 관리를 위한 식생활 가이드

❶ 균형 잡힌 식사를 한다.

 균형 잡힌 식사를 하여 골격 형성에 관여하는 칼슘, 마그네슘뿐 아니라 아연, 구리 등의 미량 무기질과 단백질, 그리고 칼슘 흡수를 도와주는 비타민 D와 비타민 C 등을 섭취한다.

❷ 칼슘이 풍부한 식품을 섭취한다.

 매일 2회 이상 우유나 요구르트를 마신다. 저지방 식사를 해야 할 경우 저지방 우유를 마신다. 멸치 등의 뼈째 먹는 생선, 해조류, 들깨, 그리고 달래, 시금치, 무청 등 녹색 채소에도 칼슘이 풍부하다.

❸ 칼슘을 배출하는 식품의 섭취를 제한한다.

 나트륨과 고단백질 식사는 소변으로 칼슘 배출량을 증가시키므로 싱겁게 먹고, 단백질을 너무 많이 섭취하지 말아야 한다. 또 식이 섬유를 너무 많이 섭취하면 소장에서 칼슘 흡수가 잘 안 된다.

❹ 탄산음료나 커피를 제한한다.

 탄산음료는 인을 함유하고 있어 칼슘 흡수를 방해한다. 또 탄산음료와 커피에 함유된 카페인은 칼슘 흡수를 방해할 뿐 아니라 배설을 촉진하므로 탄산음료나 커피를 많이 마시는 것은 좋지 않다.

❺ 절주, 금연한다.

 알코올의 과잉 섭취와 흡연은 골다공증 발병 가능성을 높이므로 가능한 술과 흡연을 제한하는 것이 좋다.

이상지질혈증 예방과 관리를 위한 식생활 가이드

❶ 지방 섭취를 줄인다.

지방 섭취를 하루에 필요한 에너지 섭취량의 15~30 %로 제한한다. 특히 포화 지방산의 섭취를 전체 에너지의 7 % 미만으로 제한한다. 따라서 기름진 육류와 버터, 달걀 등의 동물성 지방과 쇼트닝이나 마가린 섭취를 줄이고, 육류는 기름기를 제거하여 먹고, 대신 콩기름 등의 식물성 기름에 많은 불포화 지방산, 특히 들기름과 등 푸른 생선에 많은 오메가 3 지방산을 섭취한다. 또한 삶기나 찌기 등 저지방 조리 방법을 선택하고, 튀긴 음식 섭취를 줄여 총지방 섭취량을 줄인다.

❷ 탄수화물을 적정량 섭취하되, 단순당(당류)의 섭취를 제한한다.

탄수화물을 지나치게 많이 섭취하면 혈중 중성 지방이 증가하고 HDL 콜레스테롤은 감소하므로, 하루에 필요한 에너지 섭취량의 55~65 % 정도로 적절히 섭취한다. 또 설탕, 꿀, 사탕, 잼, 단 음식과 단 음료 등 단순당의 섭취를 줄인다.

❸ 채소와 과일을 섭취한다.

채소와 과일에는 비타민과 무기질뿐 아니라 식이 섬유가 풍부하므로 이상지질혈증의 예방과 개선에 도움을 준다.

❹ 금연한다.

흡연은 혈관 세포를 손상시키고 혈관벽을 딱딱하게 하므로 혈관 건강을 위해 금연하며, 간접흡연도 피하는 것이 좋다.

✚ 지식 플러스

이상지질혈증(dyslipidemia)

이상지질혈증은 혈중에 총콜레스테롤, LDL 콜레스테롤, 중성 지방이 증가한 상태이거나 HDL 콜레스테롤이 감소한 상태를 말한다. 대부분 비만, 당뇨병, 음주 등이 발병 원인이지만, 유전적 요인으로 혈액 내 특정 지질이 증가하여 생기는 경우도 있다. 이상지질혈증은 고지질혈증, 고콜레스테롤혈증, 고중성지방혈증 등을 모두 포함하는 넓은 의미의 질환명이다.

당뇨병 예방과 관리를 위한 식생활 가이드

❶ 균형 잡힌 식사를 한다.

잡곡밥, 저지방 고기나 생선, 또는 콩류 중의 하나, 그리고 채소류가 풍부한 균형 잡힌 식사를 하여 체중을 건강 체중으로 줄이고 유지해야 한다.

❷ 매일 규칙적으로 일정량의 식사를 한다.

혈당을 유지하기 위해서는 정해진 시간에 규칙적으로 일정량의 식사를 하는 것이 중요하다. 식사 간격은 4~5시간이 적당하다. 특히 인슐린 주사를 맞는 경우 저혈당을 막기 위해 식사를 거르지 않고 식사 시간을 지키는 것이 중요하다.

❸ 단순당(당류)을 제한하고 다당류를 섭취한다.

혈당을 급격히 증가시키는 설탕, 시럽, 잼, 단 음식이나 단 음료 등의 단순당 섭취를 제한하고 대신 다당류를 섭취한다. 곡류, 콩류, 감자류에 들어 있는 다당류는 서서히 소화, 흡수되어 혈당 조절에 도움이 된다. 특히 식이 섬유가 많은 통곡류가 좋으며, 과일 통조림이나 말린 과일 대신 생과일을 섭취한다.

❹ 지방, 특히 포화 지방산과 콜레스테롤 섭취를 줄인다.

지방은 비만과 당뇨병의 합병증인 심혈관계 질환의 유발 가능성을 높이므로 지방 섭취를 줄여야 한다. 특히 포화 지방산과 콜레스테롤이 많은 동물성 지방 섭취를 제한한다.

❺ 식이 섬유를 충분히 섭취한다.

수용성 식이 섬유는 포도당이 천천히 흡수되도록 하여 혈당이 급격히 증가하는 것을 막는다. 따라서 수용성 식이 섬유가 많은 콩류, 해조류, 과일을 섭취한다.

❻ 비타민과 무기질을 충분히 섭취한다.

칼슘, 아연, 마그네슘, 비타민 C, 비타민 E 등은 인슐린의 반응을 개선시키므로 이들 비타민과 무기질이 풍부한 식품을 섭취하는 것이 좋다.

❼ 금주 또는 절주한다.

당뇨병 환자는 술을 마시지 않는 것이 가장 좋으며, 술을 마시면 저혈당이 되었을 때 오히려 심한 저혈당이 올 수 있다.

대사증후군 예방과 관리를 위한 식생활 가이드

❶ 에너지 섭취를 제한하되 균형 잡힌 식사를 한다.

　대사증후군의 인슐린 저항성을 개선하려면 먼저 체중을 조절해야 하므로 건강 체중을 위해 에너지 섭취를 제한한다. 에너지 섭취는 줄이되 비타민과 무기질이 풍부한 균형 잡힌 식사를 한다.

❷ 규칙적으로 일정량의 식사를 한다.

　혈당을 일정하게 유지하기 위해 일정한 시간에 규칙적으로 일정량의 식사를 해야 하며, 천천히 먹는다.

❸ 지방과 콜레스테롤 섭취를 줄인다.

　대사증후군의 고지질혈증을 개선하기 위해 지방 섭취를 제한한다. 삼겹살 등 기름진 육류 섭취를 제한하여 포화 지방산과 콜레스테롤 섭취를 줄이며, 저지방 조리법으로 조리하고, 저지방 육류와 생선, 콩류를 섭취한다.

❹ 단순당(당류) 섭취를 줄이고, 다당류를 섭취한다.

　단순당은 혈당을 급격히 증가시키고 비만을 촉진하므로 섭취를 제한하며, 대신 곡류나 감자류의 다당류를 섭취한다. 특히 곡류는 통곡류로 섭취하는 것이 좋다.

❺ 수용성 식이 섬유를 섭취한다.

　보리, 콩류, 사과, 감귤류, 해조류에 들어 있는 수용성 식이 섬유는 포도당과 콜레스테롤을 천천히 흡수시켜 혈당과 혈중 콜레스테롤 수치를 개선한다.

❻ 싱겁게 먹는다.

　혈압 조절을 위해 저염 식품을 선택하고, 싱겁게 조리하여 먹는다.

❼ 채소와 과일을 충분히 먹는다.

　채소와 과일에는 칼륨이 풍부하여 나트륨 배출을 도우며, 식이 섬유도 많이 들어 있어 혈당과 혈중 콜레스테롤의 증가를 막으므로 다양한 종류와 색깔의 채소와 과일을 충분히 먹는다.

암 예방을 위한 식생활 가이드

❶ 균형 잡힌 식사를 한다.

   균형 잡힌 식사를 위하여 매끼 여섯 가지 식품군을 골고루 섭취한다. 다양한 종류의 잡곡과 통곡류를 먹으며, 콩과 콩 제품을 매일 섭취한다.

❷ 채소와 과일을 충분히 먹는다.

   채소와 과일을 충분히 섭취하면 대장암, 위암, 직장암 등을 예방할 수 있다. 채소와 과일에는 항산화 비타민과 무기질, 식이 섬유, 피토케미컬이 많이 함유되어 있어 암 발생 위험을 줄여 준다. 매 끼니 김치 외에 채소 음식을 먹으며, 매일 적당량의 과일을 1~2회 먹는다. 다양한 색깔의 신선한 채소와 과일을 먹는다.

❸ 싱겁게 먹는다.

   짠 음식은 위 점막의 세포를 자극하여 음식 속의 발암 물질이 잘 흡수되도록 도와주므로 간접적인 발암 물질이 될 수 있다. 특히 위암을 예방하기 위하여 싱겁게 먹어야 한다.

❹ 탄 음식은 피한다.

   육류를 그릴이나 숯불로 구울 때 고기 표면이 직접 불꽃에 닿게 되면 고기가 타거나 검게 그을린 부분에 유해 물질인 헤테로사이클릭아민(heterocyclic amines)이 만들어진다. 이 물질은 동물 실험에서 간, 위장, 대장, 유방에 암을 일으키는 것으로 보고되고 있다. 그러므로 육류 섭취 시 구워 먹기보다는 삶거나 쪄서 먹는다.

❺ 붉은색의 육류나 육가공품의 섭취를 줄인다.

   쇠고기, 돼지고기 등의 붉은색 육류와 햄 등의 육가공품은 대장암 및 직장암을 유발할 수 있다. 햄, 소시지, 베이컨 등 육가공품에 사용되는 아질산염은 접촉하는 부위에 직접적으로 암을 유발한다. 그러므로 육가공품은 주 1~2회 미만으로 제한하여 육가공품을 통한 아질산염의 섭취를 줄이도록 한다. 또한 지방이 많은 부위의 육류 섭취는 제한한다.

참고 자료 및 사진 출처

참고 자료

- 구재옥, 임현숙 외(2017). 고급 영양학. 파워북.
- 김덕희, 김서현 외(2016). 베이직 영양학. 지구문화사.
- 김명희, 노희경 외(2017). 영양학의 올바른 이해. 지식인.
- 김선효, 이경애 외(2016). 기초 영양학. 파워북.
- 김선효, 이경애 외(2017). 식생활과 영양. 파워북.
- 농촌진흥청, 국립농업과학원(2017). 국가 표준 식품 성분표 I · II. (제9개정판).
- 뉴스페이퍼 2017. 8. 7.
- 매일경제 2017. 6. 14.
- 메디컬투데이 2017. 9. 25.
- 메디컬투데이 2017. 9. 26.
- 메디컬투데이 2018. 4. 11.
- 메디파나뉴스 2013. 8. 23.
- 박덕은(2011). 비타민과 미네랄 & 떠오르는 영양소. 서영.
- 박명윤, 이건순 외(2010). 파워 푸드 슈퍼 푸드. 푸른행복.
- 박태선, 김은경(2017). 현대인의 생활 영양. 교문사.
- 베이비뉴스 2014. 6. 11.
- 보건복지부, 한국영양학회(2015). 2015 한국인 영양소 섭취 기준.
- 브레이크뉴스 2017. 12. 11.
- 서울신문 2017. 7. 3.
- 식품의약품안전처(2011). 가정 내 HACCP.
- 식품의약품안전처(2011). 건강 기능 식품 기능성 원료.
- 식품의약품안전처(2013). 우리 몸이 원하는 삼삼한 밥상.
- 식품의약품안전처(2015). 식품첨가물 바르게 알기-영양강화제 편.
- 식품의약품안전처(2015). 식품첨가물 바르게 알기-착향료 편.
- 식품의약품안전처(2016). 식품첨가물 바르게 알기.
- 식품의약품안전처(2016). 식품첨가물 바르게 알기-산화방지제 편.
- 식품의약품안전처(2016). 식품첨가물 분류 체계, 이렇게 달라집니다.

- 식품의약품안전처(2017). 식중독균의 이해.
- 식품의약품안전처(2018). 식품첨가물 바르게 알기-발색제·표백제 편.
- SBS 뉴스 2007. 11. 28.
- UPI 뉴스 2018. 7. 16.
- 일간리더스경제 2018. 5. 9.
- 장유경, 박혜련 외(2016). 기초 영양학. 교문사.
- 정주영(2017). 과학으로 먹는 3대 영양소. 전파과학사.
- KBS 뉴스 2018. 4. 7.
- 코메디닷컴뉴스 2018. 4. 5.
- 한국식품과학회(2008). 식품 과학 기술 대사전. 광일문화사.
- 한국지질동맥경화학회 이상지질혈증치료지침제정위원회(2009). 이상지질혈증 치료 지침.
- 헬스경향 2018. 3. 21.
- 황인경, 김정원 외(2018). 스마트 식품학. 수학사.

- 네이버 지식백과 https://terms.naver.com
- 네이버 캐스트-화학 원소(박준우)
  https://terms.naver.com/list.nhn?cid=58949&categoryId=58982
- 다음 백과 http://100.daum.net
- 삼성서울병원 건강 칼럼 http://www.samsunghospital.com
- 식품안전나라-위해·예방-식중독 정보 http://www.foodsafetykorea.go.kr
- 질병관리본부 국가건강정보포털 의학 정보 http://health.cdc.go.kr
- Food vaccine http://foodvaccine.tistory.com
- 한국건강관리협회 https://www.kahp.or.kr

사진 출처

- 셔터스톡 https://www.shutterstock.com

똑똑하게 잘 먹는 식생활 가이드

건강하게 먹는 **푸드**

1판 1쇄 인쇄 | 2019년 1월 15일
1판 1쇄 발행 | 2019년 1월 25일

지은이 | 이경애 · 김정원
펴낸이 | 양진오
펴낸곳 | ㈜**교학사**

책임편집 | 황정순
편집 · 교정 | 하유미 · 김천순
디자인 · 조판 | (주)교학사 디자인센터 · 김예나
일러스트 | (주)교학사 디자인센터 · 이인아
제작 | 이재환
인쇄 | (주)교학사

출판 등록 | 1962년 6월 26일 (제18-7호)
주소 | 서울 마포구 마포대로 14길 4
전화 | 편집부 (02)312-6685/707-5202, 영업부 (02)707-5161
팩스 | 편집부 (02)365-1310, 영업부 (02)707-5160
전자 우편 | kyohak17@hanmail.net
홈페이지 | http://www.kyohak.co.kr

값 20,000원

ISBN 978-89-09-20994-6 13590